中央高校教育教学改革基金（本科教学工程）资助
中国地质大学（武汉）珠宝学院GIC系列丛书

宝石鉴定仪器教程
BAOSHI JIANDING YIQI JIAOCHENG

陈全莉　裴景成　方　薇　李　妍　等编著

图书在版编目（CIP）数据

宝石鉴定仪器教程/陈全莉等编著. —武汉：中国地质大学出版社，2021.12（2024.4 重印）
ISBN 978-7-5625-5194-2

Ⅰ.①宝…　Ⅱ.①陈…　Ⅲ.①宝石-鉴定-教材　Ⅳ.①TS933.21

中国版本图书馆 CIP 数据核字（2021）第 264337 号

宝石鉴定仪器教程		陈全莉　裴景成　方　薇　李　妍　等编著	
责任编辑：张旻玥　何　煦	选题策划：张　琰		责任校对：张咏梅
出版发行：中国地质大学出版社（武汉市洪山区鲁磨路388号）		邮政编码：430074	
电　　话：(027)67883511　传　真：(027)67883580		E-mail：cbb@cug.edu.cn	
经　　销：全国新华书店		http://cugp.cug.edu.cn	
开本：787mm×1092mm 1/16		字数：244千字　印张：9.5	
版次：2021年12月第1版		印次：2024年4月第2次印刷	
印刷：武汉中远印务有限公司			
ISBN 978-7-5625-5194-2		定价：58.00元	

如有印装质量问题请与印刷厂联系调换

前　言

宝石是大自然创造的瑰宝，贵在其天然性和稀缺性。随着珠宝市场的发展，经优化处理的宝石、人造宝石及合成宝石也大量出现在市场上。它们的出现一方面丰富了市场的品种，满足不同消费者的需要；另一方面，给珠宝从业者带来了更大的挑战。宝石虽然是源自天然的矿物和岩石，但由于其价值特点，宝石鉴定方法与传统的岩矿鉴定有较大的差别。从理论上讲，鉴定岩矿的方法和手段都可用于宝石的鉴定，但实际上，宝石鉴定具有其特殊性。宝石是珍贵的，不能随意刻划和破坏，需要专业的宝石鉴定仪器才能对其进行无损鉴定。近年来，随着优化处理和合成技术的飞速发展，宝石鉴定工作的难度也越来越大，在常规宝石鉴定仪器检测宝石遇到困难时，就会利用现代大型仪器进行鉴定，如无损检测类仪器红外光谱仪、激光拉曼光谱仪、紫外-可见分光光度计，X射线荧光光谱仪等在珠宝检测中都发挥着非常重要的作用。这些仪器在很大程度上解决了天然宝石与人工宝石、天然宝石与优化处理宝石以及新宝石品种检测、研究、定性及定量等问题。

本书一共分为十个章节，内容丰富，层次分明，图文并茂，文字简明扼要，涵盖了宝石的晶体光学性质，常规宝石鉴定仪器的原理、结构组成、操作使用方法及珠宝行业使用较多的现代测试技术等内容，并配有常规珠宝检测仪器的操作使用视频，通过互联网，可以提供实时教学，是一本集常规珠宝检测仪器理论基础、操作使用与现代测试技术介绍为一体的综合性的宝石鉴定学习的专业基础教材，能够作为高等院校、高职高专、技工院校、珠宝教育培训机构及珠宝企业内部员工培训的相关专业教材使用，也适合珠宝爱好者自学阅读。

本书第一章至第四章、第十章的第一节和第四节由陈全莉编写，重点讲述了宝石的晶体光学性质、折射仪、偏光镜、二色镜以及红外光谱和X射线荧光光谱仪的相关内容；第五章至第九章及第十章的第二节由裴景成编写，重点讲述了分光镜、显微镜及放大镜、相对密度测试、其他辅助鉴定仪器、钻石鉴定仪器和激光拉曼光谱仪的相关内容；第十章的第三节、第五节及第六节由李妍编写，主要涵盖了紫外-可见分光光度计、电感耦合等离子体质谱仪和扫描电子显微镜的内容。书中的图片由方薇清绘或拍摄完成，书中的常规宝石鉴定仪器的短视频拍摄及后期剪辑由方薇完成。全书由陈全莉策划和统稿。

本书由中央高校教育教学改革基金（本科教学工程）资助出版。

深圳市飞博尔珠宝科技有限公司为本书提供了部分仪器图片，GIC职业教育中心徐丰舜参与了仪器操作视频的录制，中国地质大学（武汉）珠宝学院、中国地质大学（武汉）教务处及中国地质大学出版社对本书的出版给予了大力支持，在此一并表示衷心的感谢。

笔者在资料搜集、文字撰写和特征图片绘制及拍摄过程中一直秉持专业和直观易懂的原则，但由于编撰水平有限，书中难免有疏漏及不妥之处，恳请有关专家、学者及广大读者不吝赐教，给予批评指正。

编著者

2021年12月

目 录

- 第一章　晶体光学基础 ··· (1)
  - 第一节　光的波动性 ··· (1)
  - 第二节　自然光与偏振光 ··· (3)
  - 第三节　光的折射及全反射 ··· (5)
  - 第四节　光性均质体和光性非均质体 ··· (8)
  - 第五节　光率体及宝石的光性方位 ··· (9)
- 第二章　折射仪 ·· (18)
  - 第一节　折射仪的制作原理 ··· (18)
  - 第二节　折射仪的结构及工作原理 ··· (19)
  - 第三节　折射仪的使用方法和测试步骤 ··· (24)
  - 第四节　近视法观察现象及结果解释 ·· (27)
  - 第五节　折射仪的用途及使用注意事项 ··· (30)
- 第三章　偏光镜 ·· (32)
  - 第一节　偏光镜的结构及工作原理 ··· (32)
  - 第二节　偏光镜在宝石鉴定中的应用 ·· (33)
  - 第三节　使用偏光镜的注意事项 ··· (42)
- 第四章　二色镜 ·· (44)
  - 第一节　二色镜的基本原理 ··· (44)
  - 第二节　二色镜的结构 ··· (45)
  - 第三节　二色镜在宝石鉴定中的应用 ·· (47)
  - 第四节　使用二色镜的注意事项 ··· (51)
- 第五章　分光镜 ·· (53)
  - 第一节　分光镜的原理 ··· (53)
  - 第二节　分光镜的结构组成 ··· (54)
  - 第三节　分光镜的使用方法 ··· (57)
  - 第四节　分光镜的用途 ··· (60)
- 第六章　宝石显微镜和放大镜 ·· (66)
  - 第一节　宝石放大镜 ··· (66)
  - 第二节　宝石显微镜 ··· (70)
  - 第三节　放大镜和显微镜的用途 ··· (76)
- 第七章　相对密度测试方法 ··· (85)

第一节　基础知识 …………………………………………………………………… (85)
　　第二节　静水称重法 ………………………………………………………………… (85)
　　第三节　重液法 ……………………………………………………………………… (87)
第八章　其他辅助鉴定仪器 ……………………………………………………………… (91)
　　第一节　紫外灯 ……………………………………………………………………… (91)
　　第二节　查尔斯滤色镜 ……………………………………………………………… (94)
　　第三节　硬度笔 ……………………………………………………………………… (96)
第九章　钻石检测仪器 …………………………………………………………………… (97)
　　第一节　热导仪 ……………………………………………………………………… (97)
　　第二节　反射仪 ……………………………………………………………………… (99)
　　第三节　钻石确认仪 ………………………………………………………………… (101)
　　第四节　钻石观测仪 ………………………………………………………………… (103)
第十章　大型分析测试仪器 ……………………………………………………………… (105)
　　第一节　傅里叶变换红外光谱仪 …………………………………………………… (105)
　　第二节　激光拉曼光谱仪 …………………………………………………………… (118)
　　第三节　紫外-可见分光光度计 ……………………………………………………… (126)
　　第四节　X射线荧光光谱仪 ………………………………………………………… (130)
　　第五节　激光剥蚀电感耦合等离子体质谱仪 ……………………………………… (135)
　　第六节　扫描电子显微镜 …………………………………………………………… (139)
主要参考文献 ……………………………………………………………………………… (146)

第一章　晶体光学基础

光是一种自然现象，它对宝石的作用非常重要，正是由于光的作用，才使得宝石可以呈现出美丽的颜色，产生明亮的光泽并展示出特殊的光学效应。宝石瑰丽的外观和特性都与光有关，如宝石的透明度与光透过宝石的程度有关，宝石的颜色与组成宝石的元素对不同波长的可见光选择性吸收有关，宝石的亮度则与宝石对光的反射、透射、折射，宝石的折射率，加工工艺和宝石本身颜色的深浅有关。宝石的光学性质是我们研究宝石材料最重要的内容之一，在宝石鉴定中发挥着重要的作用。而晶体光学则是研究可见光如何在宝石晶体中传播及其伴生现象，是学习宝石鉴定仪器的重要基础理论知识。因此，了解光的本性以及宝石的晶体光学性质，不仅对于理解宝石的光学性质尤为重要，对于掌握宝石鉴定仪器工作原理以及熟练操作和应用宝石鉴定仪器也具有十分重要的意义。

第一节　光的波动性

关于光的学说，有微粒说、波动说、电磁说和量子说。19世纪晚期，麦克斯韦和赫兹证明了光的电磁性，认为光是一种电磁波，即光波。电磁波是电磁振动（变化的电磁场）在空间的传播过程，电磁振动方向与其传播方向互相垂直，即电磁波是一种横波，因此光波也是一种横波。整个电磁波为一广阔的区段，它包括波长较长的无线电波直至波长较短的γ射线。将各种波长的电磁波按其波长顺序排列，即构成电磁波谱（图1-1）。

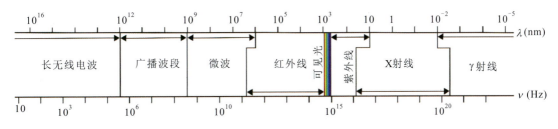

图1-1　电磁波谱的组成

波长是指波在一个振动周期内传播的距离（图1-2），也就是沿着波的传播方向，相邻波中占据相同位置的两点的距离。度量波长的单位是纳米（nm），$1nm = 10^{-6}mm = 10^{-9}m$。光波以其频率（$\nu$）或波长（$\lambda$）为特征，光的速度与频率、波长具如下关系：

$$c = \nu \cdot \lambda$$

式中：c为光波的传播速度；ν为光的频率

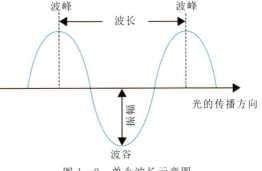

图1-2　单个波长示意图

（单位为Hz，赫［兹］；1赫［兹］=1次/秒）；λ为光的波长（单位为nm）。

光波是横波这一基本概念非常重要，因为晶体光学以及宝石鉴定仪器的工作原理中许多光学现象都要用光波是横波这一特征来解释。光波是横波，它具有波动性，能够解释反射、折射、干涉、偏振、色散和衍射等光学现象。它不仅能在固体中传播，也能在液体中传播，还能在空气和真空中传播。晶体光学中还会经常用到光学中的重要概念——光线。光线是光波传播的路径，代表波阵面在空间的传播方向，因此用光线来表示光波的传播方向。

一、可见光

人们用肉眼所能见到的光即为可见光，它是电磁波谱中极小的一个区域，大约只是电磁波范围的0.000 000 000 001%，其频率为$(3.9\sim7.7)\times10^{14}$Hz，波长为770~390nm；超出这个范围的电磁波，一般人眼都感受不到，只能借助一些仪器检测。可见光可以是单色光，也可以是白光；可以是自然光，也可以是偏振光。

二、单色光与白光

频率（ν）是光波的重要特征值，某一频率的光波在不同介质中传播时，其频率是固定不变的，但在不同的介质中传播速度（c）是不同的，因此，其相应的波长（λ）是随传播的介质不同而改变的。决定光颜色的是光波的频率，而不是波长。如某一光波，它的频率为4×10^{14}Hz，为红色，依据公式$c=\nu\cdot\lambda$计算，其空气中的波长为$\lambda=750$nm；进入到水中后，其频率不变，但由于传播速度变小，波长变短为560nm，虽然波长变短，但在水中人见到该光的颜色仍然为红色，而不是在真空中或是空气中波长为560nm的黄绿色光。一般而言，若没有特殊说明，光波波长都是指真空或是空气中的波长。

单色光是频率为某一定值或在某一窄小范围的光，或是波长为某一定值或在某一窄小范围的光。如折射仪中使用的黄光，其波长为589.5nm。按照频率从小到大，或是按照波长从大到小，可见光可分为红、橙、黄、绿、蓝、青、紫7种基本单色光。各单色光在真空或空气中的波长范围如图1-3所示。单色光可以是自然光，也可以是偏振光。

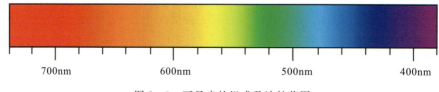

图1-3 可见光的组成及波长范围

人眼对各个单色光的灵敏度是不一样的，人眼最敏感的光是波长为550~560nm的黄绿色光，较敏感的是黄光、绿光、橙黄光、蓝绿光和橙光。由于人眼较敏感的黄光用钠光灯比较容易获取，因此在测定宝石折射率时，常用黄光作为光源。

白光是由7种基本单色光混合的光，如常见的太阳光、日光灯等都为白光。白光的平均波长为580nm，与黄光的波长相近。白光可以是自然光，也可以是偏振光。

第二节 自然光与偏振光

光是一种横波,根据光波振动特点的不同,可以把光分为自然光和偏振光。

一、自然光

自然光又称"天然光",天然光源和一般人造光源直接发出的光都是自然光,我们日常所见到的太阳光、灯光等,都属于自然光。自然光光波矢量的振动在垂直于光的传播方向上作无规则取向,但统计平均来说,在空间所有可能的方向上,光波矢量的分布可看作是机会均等的,它们的总和与光的传播方向是对称的,即光的振动具有轴对称、均匀分布、各方向振幅相等的特点,这种光就称为自然光(图1-4)。

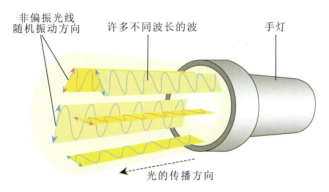

图1-4 手灯所发出的自然光

自然光的振动特点是:在垂直光波传播方向的平面内各个方向上都有等振幅的光振动,也就是说,光波在垂直其传播方向的平面内作任意方向的振动,振动面均匀对称,振幅相等(图1-5),也称为非偏振光。自然光可以是白光,也可以是单色光。

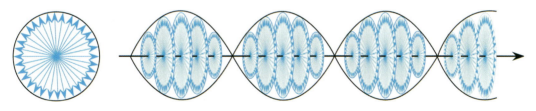

图1-5 自然光在垂直光波传播方向的平面内各方向均有等振幅光振动

二、偏振光

振动方向对于传播方向的不对称性称为偏振,它是横波区别于纵波的一个最明显的标志,只有横波才有偏振现象。具有偏振性的光则为偏振光,指光矢量的振动方向不变,或具有某种变化规则的光波。按照其性质,偏振光又可分为平面偏振光、圆偏振光、椭圆偏振光,宝石学中最常用到的是平面偏振光。

自然光穿过某些介质，经过反射、折射、双折射、选择性吸收等作用或通过特制的偏振滤光片以后，改变了光的振动方向，变为在垂直光波传播方向的某一个固定方向上振动的光波（图1-6），具有这种振动特征的光波称为偏振光，在宝石学中简称偏振光或偏光。

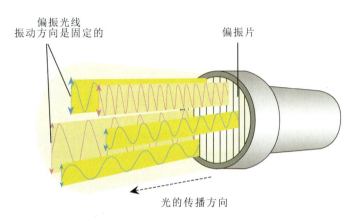

图1-6　增加偏振片后手电的自然光转变为偏振光

偏振光的振动特点是：在垂直于光波的传播方向上，光波只沿一个固定方向振动。振动方向与光波传播方向构成的平面又称为偏振面。

在光学实验室中，将自然光转变为偏振光的装置称为偏光片（或起偏器、偏振片）。偏光片通常根据光的选择性吸收作用或双折射作用（尼科尔棱镜）产生偏光的原理制作而成。目前广泛使用的偏光片是用赛璐珞或其他透明材料的薄片制成的，表面涂了某种细微的晶体物质，如硫酸奎宁，这种微晶按一定方向排列，能够吸收某些振动方向的光，而只允许与这个方向垂直的光振动通过。偏振片上标出允许通过光的振动方向，这个方向称为偏振化方向。

（1）平面偏振光：平面偏振光又称直线偏振光，这种光波的振动沿一个特定方向固定不变（图1-7）。自然光通过偏光镜可以获得直线偏光，其在宝石学的研究中经常使用。

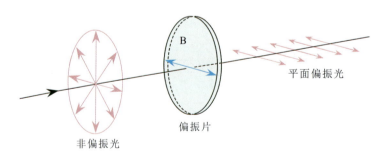

图1-7　利用偏振片产生平面偏振光

（2）正交偏光：由两个偏振片组成，当二者振动方向一致时，仅有一个振动方向的光通过；当两个偏振片振动方向相互垂直时，光无法通过（图1-8），此时观察为全暗现象，即产生全消光，也称为正交偏光。

偏振光在宝石学中的应用极其广泛，利用此原理制作的偏光镜便是宝石鉴定中常用的鉴定工具之一。

第一章 晶体光学基础

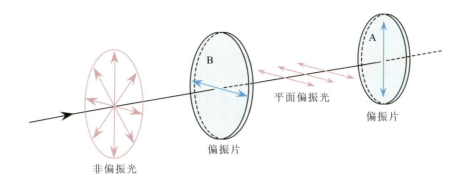

图 1-8 处在正交位置的偏振片所产生的全消光

第三节 光的折射及全反射

光在同一均匀介质中是沿直线传播的。但是光从一种介质传播到另一种介质时，会发生不同程度的反射作用和折射作用。例如，当光从空气入射到透明的水晶上时，会有一部分光线在水晶表面发生反射，反射后的光线被人眼所接收，这就是水晶的光泽；有一部分光线则会透过水晶晶体，并在透射的过程中发生折射；还有一部分光线会被晶体吸收，由于透明晶体的吸收性很弱，所以基本可忽略不计。再如，将一根笔直的木棍倾斜放入清水中，木棍在水面位置发生弯折，这就是光的折射所导致的。

一、光的折射

1. 光密度

光密度是宝石矿物所具有的能减缓光的传播速度并产生折射效应的一种复杂的特性，可用折射率的高低来评价。当光线从一种介质进入另一种光密度完全相同的介质时，没有发生折射，此时的光速没有变化；而当光穿过光密度不同的两种介质时，会在界面发生折射，此时的光速发生变化（图 1-9）。

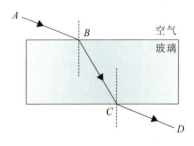

图 1-9 光在不同光密度的介质中传播发生折射

光从空气入射到宝石矿物上时，宝石矿物的光密度越大，入射光速度的减缓越明显，该宝石矿物的折射率越高；反之，宝石矿物的光密度越小，入射光速度的减缓越不明显，则该宝石矿物的折射率越低。

2. 光密介质

两种介质相比较，光的传播速度较小（折射率较大）的介质称为光密介质。

3. 光疏介质

两种介质相比较，光的传播速度较大（折射率较小）的介质称为光疏介质。介质的光密与光疏是相对的。例如相对于空气来说，水是光密介质，空气是光疏介质；而相对于酒精来说，水是光疏介质，酒精是光密介质。

光在同一均匀介质中是沿直线方向传播的，当光从一种介质传播到另一种具有不同光密度的介质时，在两种介质的分界面上将发生分解（其传播方向发生改变），产生折射和反射现象。反射光按照反射定律返回至原介质中，折射光按照折射定律折射进入另一种介质（图1-10）。当光线从光疏介质进入光密介质时，光线偏向法线，折射角（r）小于入射角（i）（图1-11a）；当光线从光密介质进入光疏介质时，光线偏离法线折射，折射角（r）大于入射角（i）（图1-11b）。

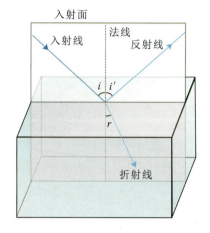

图1-10　光的折射与反射
（i为入射角；i'为反射角；r为折射角）

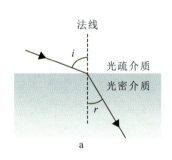
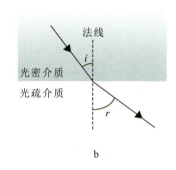

图1-11　光在不同光密度介质中传播时折射角的变化

二、折射定律及折射率

公元140年，古希腊天文学家托勒密通过实验得到：折射光线跟入射光线和法线在同一平面内；折射光线和入射光线分居在法线的两侧；折射角与入射角成正比。1621年，荷兰物理学家威里布里德·斯涅耳经过进一步的实验，并在借鉴前人观点的基础上总结出现在的折射定律：对于给定的任意两种相接触的介质和给定波长的光来说，入射光线、折射光线和法线在同一平面内，入射光线和折射光线分居在法线的两侧（图1-10），折射角与入射角成正比；入射角的正弦与折射角的正弦之比为一常数，这个比值称为折射率。

折射率$n=\sin i/\sin r$，其中，i为入射角，r为折射角，n为第二介质（折射介质）相对于第一介质（入射介质）的相对折射率；如果入射介质为真空（或空气，空气对于真空的相对折射率为1.00029，所以常将空气当作真空看待），n值则为折射介质的绝对折射率，简称折射率。一般物质的折射率都是相对于真空（或空气）而言的，指物质的绝对折射率。折射率对各种材料是一个固定的比值，是鉴定宝石的重要光学参数，也可表示为光在两种介质中的速度之比，即$n=v_i/v_r$，该式也可表示为光在空气中的传播速度与在某种材料中的传播速度之比。

从折射率表达式可以看出，光波在宝石中的传播速度与该宝石的折射率成反比关系，即光波在某宝石中的传播速度越快，该宝石的折射率越小；相反，光波在宝石中的传播速度越慢，该宝石的折射率越大。每种宝石的折射率大小取决于该宝石的性质和光波的波长。

在折射率的测试中，光在宝石中的传播速度无法测量，但入射角和折射角可测得，通过计算，便可以得出宝石的折射率。宝石的折射率大小由光波在其中的传播速度决定，而光波的传播速度则取决于该宝石材料的组成成分及其微观结构。

每种宝石都具有其特征的折射率或折射率范围。测定折射率是鉴定宝石的重要方法。如尖晶石的折射率为 1.718，即光在空气中的传播速度为在尖晶石中的 1.718 倍。不同的宝石品种，光密度不一样，光进入宝石后的传播速度不同，折射率值也不同，这种差别便构成了鉴定宝石的一个重要依据。由于折射率值为一常数，所以可以直接在折射仪上读数。

三、临界角及光的全反射

根据折射定律，光密介质的折射率总是大于光疏介质的折射率。当光线由光疏介质倾斜进入光密介质时，折射角总是小于入射角，折射光线向靠近法线方向偏折，无论入射角多大，光线总是可以进入光密介质。相反，当光线从光密介质倾斜射入光疏介质时，折射光线向远离法线的方向偏折，折射角总是大于入射角。随着入射角继续增大，折射角也不断增大，当入射角增大到一定程度时，折射角为 90°，即此时折射光线沿着两种介质的界面传播，此时对应的入射角称为临界角 a。

当光线的入射角继续增大，增大到超过临界角 a 时，入射光线不再发生折射，光线全部被反射回到光密介质中，并遵循反射定律，反射角（i_4'）等于入射角（i_4），这种现象称为光的全内反射，简称全反射（图 1-12）。

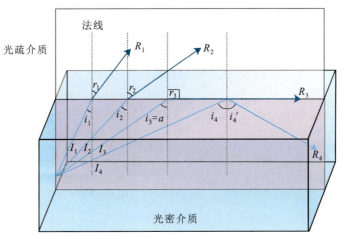

图 1-12 光的全反射示意图
(I_1、I_2、I_3、I_4 为入射光线；R_1、R_2、R_3 为折射光线，R_4 为反射光线；
i_1、i_2、i_3、i_4 为入射角；r_1、r_2、r_3 为折射角；i_4' 为反射角)

折射仪的工作原理就是建立在全反射原理的基础上。在折射仪的设计中，光密度较小的介质必须是宝石，而光密度较大的必定是折射仪中的玻璃棱镜。折射仪的有关内容将在第二章中详细介绍。

第四节 光性均质体和光性非均质体

自然界中的物质根据其光学性质，可划分为光性均质体和光性非均质体两大类，光波在这两类物质中的传播特征各不相同。

一、光性均质体

光性均质体，又称均质体，包括一切非晶质宝石（如玻璃、塑料、欧泊和琥珀等）和等轴晶系的宝石矿物（如钻石、石榴石、尖晶石等）。均质体在各个方向上的光学性质是相同的，光波在均质体中传播时，无论沿什么方向振动，其传播速度和相应的折射率都是固定不变的，因而在任何方向上折射率都相同。例如钻石只有一个固定的折射率 2.417，萤石也只有一个固定的折射率 1.434。

光波进入均质体后，不改变入射光波的振动特点和振动方向（图 1-13）。一束自然光射入均质体宝石后，仍然为自然光；一束偏振光射入均质体宝石后，仍为偏振光，并基本保持其原来的振动方向，即其传播速度及相应的折射率值不因光波在晶体中的振动方向不同而发生改变。

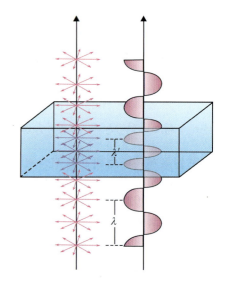

图 1-13 光波在均质体中的传播特征

二、光性非均质体

光性非均质体，又简称非均质体，指除等轴晶系以外的其余晶系，包括三方晶系、四方晶系、六方晶系、斜方晶系、单斜晶系和三斜晶系的所有宝石矿物，如刚玉族宝石、绿柱石、水晶、锆石、橄榄石、长石等。

光性非均质体都是各向异性的介质，其光学性质随方向不同而异。光波在非均质体中传播具有以下特点。

（1）光波在非均质体中传播，其传播速度一般都随光波的振动方向不同而发生变化，因而非均质体的折射率也随振动方向不同而改变，即非均质体宝石具有许多个折射率。并且每一种非均质体宝石矿物，其各个方向的折射率有一个固定的变化范围，例如碧玺的折射率范围为 1.62~1.65，刚玉族宝石的折射率范围为 1.76~1.78。

（2）光波进入非均质体时，除特殊方向（光轴方向）外均要发生双折射和偏光化，即分解成两束振动方向互相垂直、传播速度不同、折射率不等的偏振光（图 1-14），此现

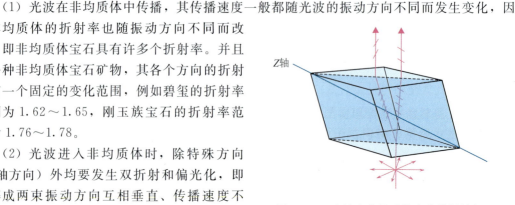

图 1-14 光波在非均质体中的传播特征

象称为双折射。如将一块冰洲石（透明的方解石）放在书上，它下面的线条和字迹都会具有双影，这就是双折射现象。经过非均质体后分解的两束偏振光中传播速度较快的其折射率较小，传播速度较慢的其折射率较大。这两束偏振光折射率的差值即为双折射率，简称双折率或简写为 DR。

（3）非均质体中存在一个或两个特殊方向，当光波沿这种特殊方向传播时不发生双折射，也不改变入射光波的振动特点和振动方向，这种特殊的方向称为光轴，以符号 "OA" 表示。中级晶族（包括三方晶系、四方晶系和六方晶系）只有一个光轴，且与结晶轴 c 轴方向一致，故称为一轴晶；低级晶族（包括斜方晶系、单斜晶系和三斜晶系）有两个光轴，故称为二轴晶。宝石的轴性，通常就是指该宝石是属于一轴晶还是二轴晶。

第五节　光率体及宝石的光性方位

光率体，又称光性指示体，是光波在宝石晶体中传播时，表示光波振动方向与相应折射率值之间关系的一种立体几何图形。宝石晶体的任何切面都必然通过光率体的中心。

光率体的构成方法是：设想自宝石晶体中心起，沿光波在宝石晶体中传播的各个振动方向，按一定比例截取线段代表相应的折射率值，再把各个线段的端点连续地连接起来会得到一个立体的封闭图形，这个图形便称为光率体。光率体可以使宝石晶体的许多光学现象得以解释，不同结构的宝石，其光率体形状也不相同。

光率体分为均质体光率体和非均质体光率体，其中非均质体光率体又包括一轴晶光率体和二轴晶光率体。

一、均质体宝石的光率体

均质体包括高级晶族和非晶质体类的宝石，这类宝石仅有一个折射率值。

光波在均质体宝石中传播时，其速度不因振动方向的改变而改变，即各个方向振动的光波在晶体中的传播速度是相同的，相应的折射率值也相等。因此，均质体的光率体是一个球体（图 1-15），通过球体中心任何方向的切面都是圆切面，其半径代表均质体宝石的折射率值。例如萤石的折射率为 1.434，其光率体是以 1.434 为半径的球体；尖晶石的折射率为 1.718，其光率体是以 1.718 为半径的球体。

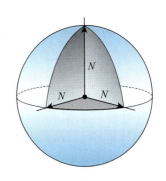

图 1-15　均质体的光率体

二、一轴晶宝石的光率体

1. 一轴晶宝石光率体的构成

一轴晶宝石晶体是指中级晶族，包括三方、四方和六方晶系的宝石晶体。光波在此类宝石晶体中传播时，只有沿某一个特殊的方向（光轴方向）不会发生双折射，其光率体的形状已不再是一个球体，而是一个以 Z 轴（光轴、c 轴）为旋转轴的旋转椭球体，称为一轴晶光率体（图 1-16）。

一轴晶水平结晶轴的轴单位相等，这种晶体结构特点决定了在垂直 Z 轴的水平方向上

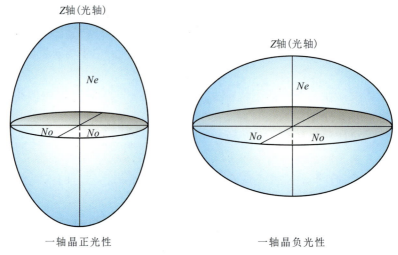

图 1-16 一轴晶光率体

光学性质是均一的。在中级晶族宝石晶体中，光波振动方向与 Z 轴垂直时，即在水平方向上振动，无论振动方向如何改变，其折射率都是一个固定不变的常数，这就是常光的折射率 No；光波振动方向与 Z 轴平行时，其相应的折射率与 No 相差最大，这是非常光折射率的极端值 Ne；光波的振动方向与 Z 轴斜交时，其相应的折射率介于 No 与 Ne 之间，以 Ne' 表示，Ne' 随光波振动方向与 Z 轴的夹角大小而变化。光波振动方向与 Z 轴夹角较大，则 Ne' 比较接近 No；相反，光波振动方向与 Z 轴夹角较小，则 Ne' 比较接近 Ne。

一轴晶光率体为旋转椭球体，有长短不等的两个半径，也称为两个主轴。光率体主轴之一为 Ne 轴，它既是旋转椭球体的旋转轴，又是宝石晶体的光轴和高次对称轴；光率体的另一个主轴为 No 轴，其方向与 Ne 轴方向垂直。Ne、No 轴的长度代表一轴晶宝石晶体的两个主折射率。平行 Ne 轴的切面既包括 Ne 轴，也包括 No 轴，称为光率体的主轴面或平行光轴切面，一轴晶光率体有无数个主轴面或平行光轴切面；垂直 Ne 的切面为圆切面，一轴晶光率体只有一个圆切面。

一轴晶光率体有两种类型：一类是旋转轴为长轴的长形旋转椭球体，即 $Ne>No$，称为正光性光率体；另一类是旋转轴为短轴的扁形旋转椭球体，即 $Ne<No$，又称为负光性光率体。具有正光性光率体的宝石晶体称为一轴晶正光性宝石，记为"一轴（+）"；具有负光性光率体的宝石晶体称为一轴晶负光性宝石，记为"一轴（-）"，此处的"正"或"负"则为光率体的光性符号。Ne 与 No 差值的绝对值为一轴晶宝石的最大双折射率。一轴晶正光性的宝石有水晶、锆石和白钨矿等，一轴晶负光性的宝石有红宝石、碧玺、祖母绿和磷灰石等。

光性符号是鉴别宝石品种的重要依据之一。虽然判别光性符号的基本原则是 $Ne>No$ 为正光性，$Ne<No$ 为负光性，但在宝石鉴定中，不一定要比较出 Ne、No 的相对大小，只要比较出 Ne' 与 No 的相对大小即可确定宝石晶体的光性符号。对于一轴晶正光性的宝石晶体，$Ne>Ne'>No$，一轴晶负光性则是 $Ne<Ne'<No$，即对于一轴正光性的宝石，No 为最小值，对于一轴晶负光性的宝石，No 为最大值，所以只要确定出 No 与 Ne'（Ne）的大小，即可确定出宝石晶体的光性符号。

2. 一轴晶光率体的切面类型

1) 垂直光轴切面

垂直光轴切面的形态为圆形，圆的半径为 No。光波垂直于该切面，即平行光轴方向入射不发生双折射，故圆切面的双折射率为零；沿该方向入射的光波，其振动特点和振动方向也不发生改变。无论光波在圆切面内沿哪个方向振动，其折射率都等于 No。一轴晶光率体只有一个圆切面（图 1-17a）。

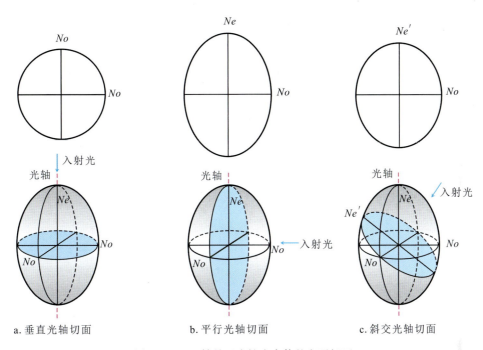

a. 垂直光轴切面　　　　b. 平行光轴切面　　　　c. 斜交光轴切面

图 1-17　一轴晶正光性光率体的主要切面

2) 平行光轴切面

平行光轴切面的形态为椭圆，椭圆的半径分别为 No 和 Ne（图 1-17b）。Ne 和 No 的相对大小为：一轴晶正光性晶体 $Ne>No$；一轴晶负光性晶体 $Ne<No$。平行光轴切面是一轴晶光率体的主截面，又称主轴面。光波垂直这种切面，即垂直光轴入射，会发生双折射和偏光化，分解为两种偏振光，即非常光 e 光和常光 o 光，其振动方向分别平行于椭圆的两个半径方向，其相应的折射率用两个半径的长度表示。该切面的双折射率是一轴晶宝石的最大双折射率。最大双折射率是每种宝石的重要鉴定常数之一。

一轴晶正光性宝石最大双折射率为 $Ne-No$，例如水晶的最大双折射率为 $Ne-No=1.553-1.544=0.009$；一轴晶负光性宝石的最大双折射率为 $No-Ne$，如方解石的最大双折射率为 $No-Ne=1.658-1.486=0.172$。一轴晶光率体平行光轴的切面有无数个，它们的形态和大小以及光学性质都相同。

3) 斜交光轴切面

斜交光轴切面也称任意切面，其形态也为椭圆，椭圆的半径为 No 和 Ne'（图 1-17c）。Ne' 介于 No 和 Ne 之间，该切面是最常碰见的切面。Ne' 与 No 的相对大小为：一轴晶正光

性晶体 $Ne>Ne'>No$；一轴晶负光性晶体 $Ne<Ne'<No$。光波垂直这种切面（即斜交光轴）入射，会发生双折射和偏光化，分解为两种偏振光，一种振动方向仍平行于椭圆半径之一，即 No 方向，另一种振动方向则平行于椭圆的另一个直径，即 Ne' 方向，二者的折射率分别为 No 和 Ne'。该切面的双折射率为 Ne' 和 No 差值的绝对值，随着斜交光轴切面方向的改变，其双折射率变化于零与最大双折射率之间。

特别需要注意的是，一轴晶光率体是以 Ne 轴为旋转轴的旋转椭球体，所有斜交光轴的切面都与圆切面相交，因此，所有斜交光轴的椭圆切面的长、短半径中必有一个为主轴 No。一轴晶正光性晶体的椭圆切面短半径为 No，一轴晶负光性晶体的椭圆切面长半径为 No。

三、二轴晶宝石的光率体

1. 二轴晶宝石光率体的构成

二轴晶光率体为一个三轴不等的椭球体（图 1-18）。二轴晶宝石晶体是指低级晶族，包括斜方晶系、单斜晶系和三斜晶系的宝石晶体。这 3 个晶系的宝石晶体对称程度比较低，3 根结晶轴 X、Y、Z 方向的轴单位都不相等，表明宝石晶体在三维空间不同方向的内部结构和光学性质是不均一的。

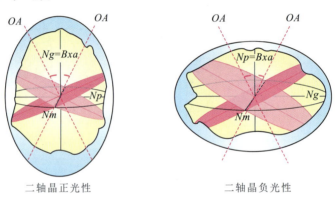

二轴晶正光性　　　　　二轴晶负光性

图 1-18　二轴晶光率体

二轴晶宝石晶体中都有 3 个互相垂直的方向，光波沿这 3 个方向振动时其相应的折射率是宝石晶体的 3 个主折射率，分别以符号 Ng、Nm 和 Np 表示，他们分别代表着宝石晶体的最大、中等和最小的折射率，即 $Ng>Nm>Np$，其中最大主折射率值 Ng 与最小主折射率值 Np 的差值为二轴晶宝石的最大双折射率。二轴晶宝石的光率体就是以 Ng、Nm 和 Np 为半径的三轴不等的椭球体。下面以托帕石为例说明二轴晶光率体的构成（图 1-19）。

托帕石属斜方晶系，3 个结晶轴互相垂直，即 $X \perp Y \perp Z$，X、Y、Z 3 个方向的轴单位不等。

当光波沿托帕石 Y 轴方向射入晶体时，发生双折射而分解成两种偏振光，一种偏振光振动方向平行 X 轴，相应的折射率最小，即 $Np=1.619$；另一种偏振光振动方向平行 Z 轴，相应的折射率最大，即 $Ng=1.628$。分别以 X 轴、Z 轴为半径方向，以 Np、Ng 为半径长度，可以作出一个垂直光波入射方向的椭圆切面（图 1-19a）。

当光波沿托帕石 Z 轴方向射入晶体时，发生双折射分解成两种偏振光，一种偏振光振

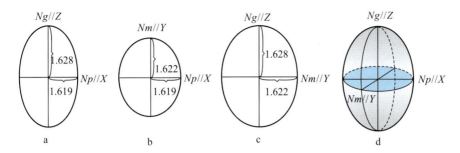

图 1-19 二轴晶光率体的构成（以托帕石为例）

动方向平行 X 轴，相应的折射率为 $Np=1.619$；另一种偏振光振动方向平行 Y 轴，相应的折射率为一中间值，即 $Nm=1.622$。以同样的方法可以作出一个垂直光波入射方向的椭圆切面，其长、短半径分别为 Nm 和 Np（图 1-19b）。

当光波沿托帕石 X 轴方向射入晶体时，发生双折射分解成两种偏振光，其中一种偏振光振动方向平行 Z 轴，相应的折射率 Ng 仍为 1.628；另一种偏振光振动方向平行 Y 轴，相应的折射率 Nm 仍为 1.622。也同样以 Ng 和 Nm 为长、短半径可以作出一个垂直光波入射方向的椭圆切面（图 1-19c）。

把这 3 个椭圆切面，按照它们的空间位置联系起来，便构成了托帕石的光率体（图 1-19d）。它是一个三轴不等的椭球体，即三轴椭球体，光率体的 3 个半径（主轴）的长度分别代表宝石晶体的 3 个主折射率 Ng、Nm 和 Np 的大小，3 个半径在托帕石晶体中相应的方位是 $Ng // Z$，$Nm // Y$，$Np // X$。不同种属宝石晶体光率体的区别在于：3 个半径的长短不同，3 个半径的方向在宝石晶体中的方位不同。如橄榄石属于斜方晶系，其光率体的 3 个半径分别是 $Ng=1.687$，$Nm=1.668$，$Np=1.651$，3 个半径在晶体中相应的方位是 $Ng // X$，$Nm // Z$，$Np // Y$。

在二轴晶光率体中，3 个互相垂直的轴分别代表二轴晶宝石晶体的 3 个主要光学方向，称为光学主轴，简称主轴。3 个主轴分别以 Ng 轴、Nm 轴和 Np 轴命名，其长度分别代表 3 个主折射率，相对大小为 $Ng>Nm>Np$，在空间方位上 $Ng \perp Nm \perp Np$。二轴晶光率体中包含任意两个主轴的面为主轴面或主切面。二轴晶光率体共有 3 个互相垂直的主轴面：Ng-Np 面、Np-Nm 面和 Ng-Nm 面，3 个主轴面均为椭圆切面。Nm 的长度介于 Ng 与 Np 之间，在 Ng-Np 面中必定包含长度为 Nm 的半径，它们分别与 Nm 轴构成两个正圆切面，垂直于圆切面的两个方向即为光轴方向（用"OA"表示）。包含两个光轴的面称为光轴面，以符号"OAP"表示，光轴面即为 Ng-Np 面，Nm 主轴垂直于光轴面。两个光轴之间所夹的锐角称为光轴角，用符号"$2V$"表示，"$2V$"的角平分线称为锐角等分线，用符号"Bxa"表示；两个光轴之间所夹的钝角平分线称钝角等分线，用符号"Bxo"表示。"Bxa"和"Bxo"均包含在光轴面上，即均位于 Ng-Np 主轴面上。

根据 Ng、Nm 和 Np 值的相对大小，可以确定二轴晶宝石矿物的光性符号。当 $Ng-Nm>Nm-Np$，即 Bxa 方向与 Ng 一致时，为正光性，标记为二轴晶（+）；当 $Ng-Nm<Nm-Np$，即 Bxa 方向与 Np 一致时，为负光性，标记为二轴晶（−）；若 $2V=90°$ 则没有光性正负的区别。

2. 二轴晶光率体的切面类型

1) 垂直光轴（OA）切面

垂直光轴切面为圆切面，其半径为 Nm（图 1-20a）。光波垂直圆切面即沿光轴方向入射时，不发生双折射，也不改变光波的振动特点和振动方向。光波在圆切面内任何方向振动其折射率都是 Nm，故圆切面的双折射率为零。二轴晶有两根光轴，所以圆切面有两个。

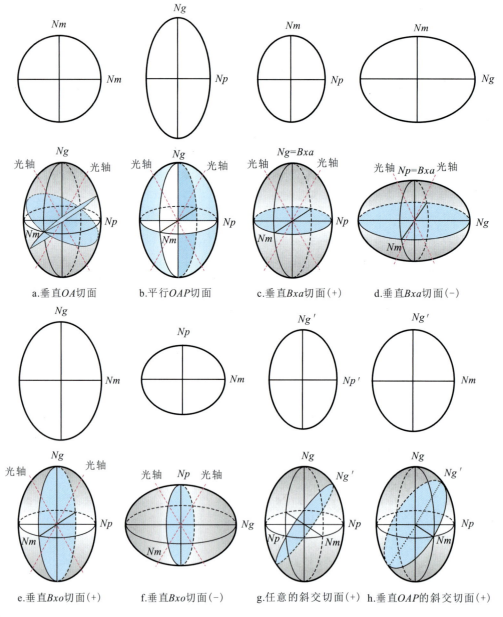

图 1-20 二轴晶光率体的切面类型

2) 平行光轴面（OAP）切面

平行光轴切面为椭圆切面，即相当于主轴面 Ng-Np 面，其长半径为 Ng，短半径为

Np（图1-20b）。光波垂直光轴面（即沿主轴Nm）入射时，发生双折射分解形成两种偏光，其振动方向分别平行于Ng轴和Np轴，折射率分别等于Ng和Np，双折射率等于$Ng-Np$，为二轴晶宝石的最大双折射率。

3）垂直锐角等分线（Bxa）切面

垂直锐角等分线切面为椭圆切面，按照光性正负不同有两种情况。正光性宝石相当于主轴面$Nm-Np$面，即$Ng=Bxa$（图1-20c）；负光性宝石相当于主轴面$Ng-Nm$面，即$Np=Bxa$（图1-20d）。光波垂直这种切面（即沿Bxa方向）入射时发生双折射，分解形成两种偏光。折射率分别等于Nm和Np（二轴晶正光性）或Np和Nm（二轴晶负光性），双折射率等于$Nm-Np$（二轴晶正光性）或$Ng-Nm$（二轴晶负光性）。

4）垂直钝角等分线（Bxo）切面

垂直钝角等分线切面为椭圆切面，按照光性正负不同也有两种情况。正光性宝石相当于主轴面$Ng-Nm$面，即$Np=Bxo$（图1-20e）；负光性宝石相当于主轴面$Nm-Np$面，即$Ng=Bxo$（图1-20f）。光波垂直这种切面（即沿Bxo方向）入射时发生双折射，分解形成两种偏光。折射率分别等于Nm和Ng（二轴晶正光性）或Np和Nm（二轴晶负光性），双折射率等于$Ng-Nm$（二轴晶正光性）或$Nm-Np$（二轴晶负光性）。

5）斜交切面

这种切面既不垂直于光轴也不垂直于光率体主轴，有无数个，又称任意切面。这种切面的形态均为椭圆形，椭圆的长、短半径分别以Ng'和Np'表示（图1-20g），Ng'变化于Ng和Nm之间，Np'变化于Nm和Np之间，即$Ng>Ng'>Nm>Np'>Np$。光波垂直这种斜交切面（即沿光轴和主轴之外的任意方向）入射，发生双折射，分解形成两种偏光，其振动方向分别平行于椭圆的长、短半径方向，相应的折射率分别为Ng'和Np'。该种切面的双折射率为$Ng'-Np'$，其数值大小随切面方向不同变化于零与最大双折射率之间。

在斜交切面中有一种垂直主轴面（或说平行一个主轴）的斜交切面，也称为半任意切面，包括垂直$Ng-Np$（平行Nm）或垂直$Ng-Nm$（平行Np）或垂直$Nm-Np$（平行Ng）主轴面的斜交切面3种类型。这3种类型的切面形态也为椭圆形，椭圆的长、短半径中总有一个半径是主轴（Ng或Nm或Np），另一个半径是Ng'或Np'。这种斜交切面中垂直于光轴面（OAP），即垂直$Ng-Np$（平行Nm）的一系列斜切面中，必定有一个椭圆半径是主轴Nm，另一个椭圆半径是Ng'和Np'（图1-20h）；在某个位置上，另一个半径也会等于Nm，这时的斜交切面就是垂直光轴的圆切面。

四、光性方位

光性方位指的是光率体在晶体中的定向，以光率体主轴Ne、No或Ng、Nm、Np与晶体结晶轴X、Y、Z之间的相互关系表示。

1. 高级晶族宝石晶体的光性方位

等轴晶系是高级晶族中唯一的晶系，该晶系的宝石晶体为光性均质体，其光率体是一个圆球体，通过球体中心的任何3个互相垂直的半径都可以与等轴晶系的3个结晶轴一致。因此对于等轴晶系的宝石晶体不必考虑其光性方位（图1-21）。

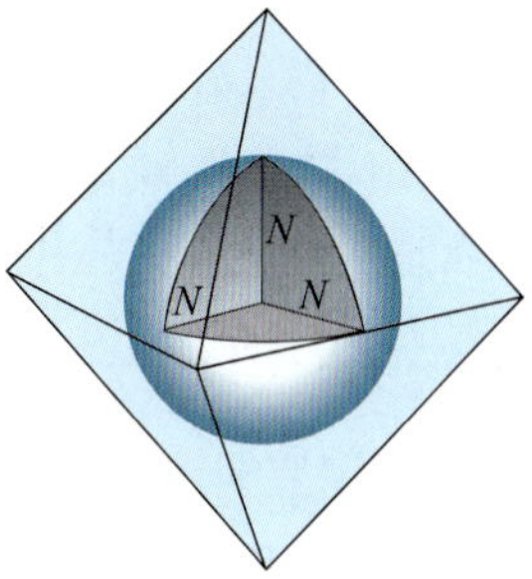

图1-21 等轴晶系晶体的光性方位示意图
（以尖晶石为例）

2. 中级晶族宝石晶体的光性方位

中级晶族包括三方、四方和六方 3 个晶系。中级晶族（一轴晶）宝石晶体的光率体形态是旋转椭球体，旋转轴为 Ne 轴，也是宝石晶体的光轴，它总是和宝石晶体中的高次对称轴（Z 轴）一致（图 1-22）。

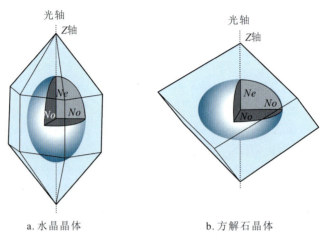

a. 水晶晶体　　　　　　b. 方解石晶体

图 1-22　中级晶族（一轴晶）晶体的光性方位示意图

3. 低级晶族宝石晶体的光性方位

低级晶族包括斜方、单斜和三斜 3 个晶系。低级晶族（二轴晶）宝石晶体的光率体是一个三轴不等长的椭球体。低级晶族中不同晶系的宝石晶体其光性方位各不相同。

1）斜方晶系宝石晶体的光性方位

光率体的 3 个主轴与晶体的 3 个结晶轴两两平行，具体情况因宝石矿物不同而异。如：紫苏辉石中，$Ng/\!/Z$，$Nm/\!/X$，$Np/\!/Y$；堇青石中，$Ng/\!/Y$，$Nm/\!/X$，$Np/\!/Z$；橄榄石中，$Ng/\!/X$，$Nm/\!/Z$，$Np/\!/Y$；托帕石中，$Ng/\!/Z$，$Nm/\!/Y$，$Np/\!/X$（图 1-23）。

2）单斜晶系宝石晶体的光性方位

单斜晶系只有 1 个二次对称轴 Y 轴，Y 轴与光率体的 3 个主轴之一重合，其余两个结晶轴与光率体中另外 2 个主轴斜交。具体情况因宝石矿物种类不同而异。如透闪石的光性方向为 $Nm/\!/Y$（图 1-24）；正长石的光性方向为 $Ng/\!/Y$。

3）三斜晶系宝石晶体的光性方位

三斜晶系晶体的对称程度最低，仅有 1 个对称中心，与光率体的中心一致。光率体的 3 个主轴与晶体的 3 个结晶轴斜交，斜交的角度因宝石矿物而异，如斜长石（图 1-25）。

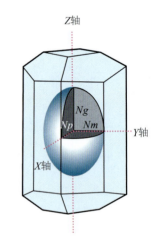

图 1-23　斜方晶系晶体的光性方位示意图（以托帕石为例）

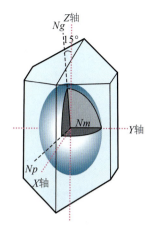 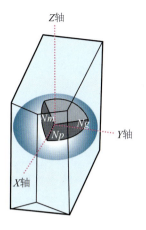

图 1-24 单斜晶系晶体的光性方位示意图（以透闪石为例）

图 1-25 三斜晶系晶体的光性方位示意图（以斜长石为例）

第二章 折射仪

折射是一种十分重要的光学效应。宝石的化学成分和晶体结构决定了宝石的折射率。折射率是宝石最稳定的性质之一，也是宝石种属鉴别中非常重要的可靠依据。

折射仪（图2-1）是依据折射和全反射的原理，测试宝石的临界角，并把它转化为折射率的仪器，是宝石鉴定中获取信息最多，并且可以定量测定的一种常规鉴定仪器，也是常规宝石鉴定仪器中最重要的仪器之一。利用折射仪可以测定宝石的折射率值、双折射率值、光性特征等性质，可以为宝石鉴定提供关键性证据。

图2-1 折射仪及折射油

第一节 折射仪的制作原理

第一章节中已详细介绍了光的折射、全反射和双折射的有关原理，折射仪就是根据全反射原理设计制造的。

当光线从光密介质倾斜射入光疏介质时，折射光线偏离法线，折射角大于入射角。当折射角为90°时，此时对应的入射角（a）称为临界角，所有入射角大于临界角的入射光线不能进入光疏介质而在光密介质内发生反射，并遵循反射定律（图2-2）。

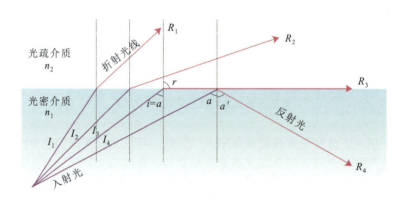

图2-2 光的折射和全反射示意图

折射仪的工作原理是建立在全反射的基础上，通过测量宝石的临界角，将临界角数值转换成可直接读取的折射率值的仪器。

任意一种介质相对于空气（严格地说应为真空）的折射率为一定值，那么，任意一种介质相对于另外一种已知介质的折射率也为一定值。根据公式可以推导出：

$$n_2/n_1 = \sin i/\sin r$$

式中：i 为入射角；r 为折射角；n_1 为已知介质的折射率；n_2 为未知介质的折射率。

当折射角 $r=90°$ 时，$i=a$，此时 $n_2 = n_1 \cdot \sin a$。因此，只要测出临界角 a 即可求出未知介质的折射率值。

对于用折射仪测试的宝石样品来讲，宝石样品为光疏介质，折射仪中的棱镜为光密介质，测出临界角，已知棱镜折射率，便可计算出宝石样品的折射率。折射仪已经把临界角转换为折射率值，可以通过折射仪直接读出宝石样品的折射率值。

第二节　折射仪的结构及工作原理

折射仪的主要组成部件为高折射率棱镜、直角棱镜反射镜、一系列透镜、标尺及偏光片等（图2-3）。其主要组成部分特点如下。

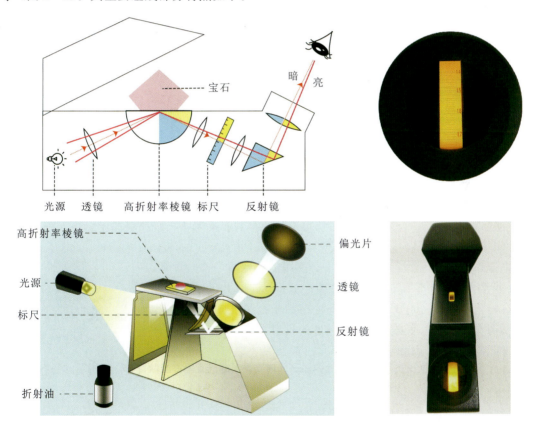

图2-3　折射仪的结构与工作原理示意图

一、高折射率棱镜

棱镜是折射仪的核心组成部件，是决定折射率测试范围、保证折射率读数准确的首要因素。棱镜材料必须要满足3个条件：单折射、高折射率和无色透明。此外，高硬度的棱镜材料可以延长折射仪的使用寿命。

棱镜采用的材料通常有：铅玻璃、合成立方氧化锆、尖晶石、钻石和闪锌矿。

(1) 铅玻璃棱镜：铅玻璃折射率常为1.96，单折射，透光性好。虽然铅玻璃的折射率很高，但是硬度很低，因此表面非常容易被磨损。

(2) 合成立方氧化锆棱镜：合成立方氧化锆又称为CZ，是一种理想的棱镜材料。其折射率为2.176，单折射，硬度为8.5，不易被磨损和腐蚀。在使用频率较高的情况下，更适合采用合成立方氧化锆作为棱镜，因为棱镜表面耐磨性好。

(3) 尖晶石棱镜：使用无色合成尖晶石作为棱镜，尖晶石的折射率为1.712～1.730，硬度为8，在使用中不易被刻划；但由于尖晶石折射率较低，故其可测量的RI值范围有限，只能用于测试折射率值小于1.71的宝石。尖晶石棱镜仅在早期制作的折射仪中使用。

(4) 钻石棱镜：钻石折射率为2.417，单折射，硬度为10，是自然界最硬的物质，兼具硬度高、单折射、耐磨损和耐腐蚀性的性质，但是钻石的成本太高，故不被广泛使用。

(5) 闪锌矿棱镜：闪锌矿的折射率约为2.37，但是其硬度很低，仅为3.5，故棱镜表面的耐磨能力很差，因而不被广泛使用。

钻石棱镜和闪锌矿棱镜的折射率值高，为使这些具有高折射率棱镜的折射仪能扩展其测定范围，要求有类似高折射率的接触液。但是，接触液都是有毒的，并且接触液的折射率越高，毒性越强，在平时使用中的危险性也越大，因此，折射率很高的棱镜应用并不广泛。

二、接触液（折射油）

接触液也称为折射油，它不属于折射仪的部件，却是折射仪使用过程中必不可少的辅件。宝石表面与折射仪棱镜之间需要有接触液，使待测宝石与高折射率棱镜之间产生良好的光学接触。当把宝石样品直接放在干净的折射仪棱镜上时，有一薄层空气膜会阻止其形成良好的光学接触，此时不能获得读数，因此必须使用专门的液体以去除待测宝石和棱镜表面之间的空气。

许多液体都是可以作为接触液的，主要要求是其折射率值必须高于待测宝石。折射仪所使用的接触液，其RI通常为1.79～1.81，所以，在折射仪上所能读出的最高折射率值受限于所选用的接触液的折射率值，即可测的宝石的折射率必须低于接触液的折射率。

实际操作中通常选用色浅、透明、毒性小、黏度低、化学性质稳定、不易挥发且不易与宝石发生反应的接触液（图2-4）。

最常用的接触液是硫处于饱和状态的二碘甲烷，即在折射率为1.74的二碘甲烷中溶解硫直至饱和，此时折射率值为1.79或稍低；若再在折射率为1.79的接触液中加入18%的四碘乙烯，折射率可升至1.81。

图2-4　折射油

折射率为1.79的接触液可以满足绝大部分宝石品种的测试需求，并且在正常情况下使用是安全的。折射率大于1.81的接触液都有极强的腐蚀性和剧毒，对测试者和棱镜都十分不利。

由于接触液中含溶解硫，接触液挥发后容易在棱镜以及宝石表面结晶留下硫的薄壳，因此测试完后，应及时清洁宝石及棱镜，以免引起不正确的读数。

三、偏光目镜

为了使读数更准确，在折射仪目镜上往往配有一个可拆卸的偏光片。

偏光目镜的主要作用是增强阴影边界观察效果，特别是在测试双折射宝石时，转动偏光片，两条阴影边界可被分别读数。

四、单色光源

不同波长的光通过给定的两个介质，所获得的折射率是不同的。若使用由许多波长（颜色）组成的白光为入射光，宝石的色散会使其阴影边界为彩色谱带。在白光中测量单折射的宝石时，把读数的位置选定在彩虹状阴影边界的黄色和绿色交界部位即可，但是在测量双折射宝石时，由于两个彩色的阴影边界相互覆盖，因而很难甚至不可能区分开两个折射率值。理想的是使用单色光，因为它能提供清晰的阴影边界。单色光是具有单一波长的有色光。

折射仪中使用的光源通常为波长 589.5nm 的黄光。产生最理想黄光的光源为钠光灯。除钠光灯外，利用单色滤色镜或发射黄光的二极管也可获得此标准光源。

表 2-1 中所列出的宝石折射率值都是在入射光波长为 589.5nm 条件下进行测试的结果。

表 2-1 常见宝石的折射率、双折射率及光性特征总结表

宝石名称	晶系	光性	折射率	双折射率
火欧泊	非晶质	均质体	1.42~1.43	—
萤石	等轴晶系	均质体	1.434	—
欧泊	非晶质	均质体	1.45±	—
方钠石	等轴晶系	均质体	1.48	—
青金石	等轴晶系	均质体	1.50	—
天然玻璃	非晶质	均质体	1.49±	—
玻璃（人造）	非晶质	均质体	1.50~1.70	—
琥珀	非晶质	均质体	1.54	—
象牙	非晶质	均质体	1.54	—
玳瑁	非晶质	均质体	1.55	—
尖晶石	等轴晶系	均质体	1.712~1.730	—
合成尖晶石	等轴晶系	均质体	1.727	—
钙铝榴石	等轴晶系	均质体	1.74~1.75	—
镁铝榴石	等轴晶系	均质体	1.74~1.76	—
锰铝榴石	等轴晶系	均质体	1.80~1.82	—
钇铝榴石（人造）	等轴晶系	均质体	1.83	—
钙铬榴石	等轴晶系	均质体	1.87	—

续表 2-1

宝石名称	晶系	光性	折射率	双折射率
翠榴石	等轴晶系	均质体	1.89	—
钇镓榴石（人造）	等轴晶系	均质体	1.97	—
合成立方氧化锆	等轴晶系	均质体	2.15~2.18	—
钛酸锶（人造）	等轴晶系	均质体	2.41	—
钻石	等轴晶系	均质体	2.417	—
方解石	三方晶系	一轴晶（－）	1.486~1.658	0.172
方柱石	四方晶系	一轴晶（－）	1.54~1.58	0.004~0.037
玉髓及玛瑙（多晶质）	三方晶系	—	1.54~1.55	—
水晶	三方晶系	一轴晶（＋）	1.544~1.553	0.009
绿柱石	六方晶系	一轴晶（－）	1.56~1.59	0.004~0.009
祖母绿（合成）	六方晶系	一轴晶（－）	1.560~1.567	0.003~0.004
祖母绿（天然）	六方晶系	一轴晶（－）	1.566~1.600	0.004~0.010
黄色绿柱石	六方晶系	一轴晶（－）	1.567~1.580	0.005~0.006
海蓝宝石	六方晶系	一轴晶（－）	1.570~1.585	0.005~0.006
粉色绿柱石	六方晶系	一轴晶（－）	1.580~1.600	0.008~0.009
菱锰矿（多晶质）	三方晶系	一轴晶（－）	1.58~1.84	0.220
碧玺	三方晶系	一轴晶（－）	1.62~1.65	0.018
磷灰石	六方晶系	一轴晶（－）	1.63~1.64	0.002~0.006
硅铍石	三方晶系	一轴晶（＋）	1.65~1.67	0.016
符山石	四方晶系	一轴晶（＋/－）	1.70~1.73	0.005
蓝锥矿	三方晶系	一轴晶（＋）	1.75~1.80	0.047
刚玉	三方晶系	一轴晶（－）	1.76~1.78	0.008
锆石	四方晶系	一轴晶（＋）	1.93~1.99	0.059
金红石	四方晶系	一轴晶（＋）	2.61~2.90	0.287
蛇纹石玉（多晶质）	单斜晶系	—	1.56~1.57	—
正长石/月光石	单斜晶系	二轴晶（－）	1.52~1.53	0.006
微斜长石	三斜晶系	二轴晶（－）	1.52~1.54	0.003
日光石	三斜晶系	二轴晶（－）	1.53~1.54	0.007
堇青石	斜方晶系	二轴晶（－）	1.54~1.55	0.008~0.012
拉长石	三斜晶系	二轴晶（＋）	1.56~1.57	0.008~0.010
葡萄石	斜方晶系	二轴晶（＋）	1.61~1.64	0.030
托帕石	斜方晶系	二轴晶（＋）	1.61~1.64	0.008~0.010
软玉（多晶质）	单斜晶系	—	1.62	—
绿松石（多晶质）	三斜晶系	—	1.62	—
红柱石	斜方晶系	二轴晶（－）	1.63~1.64	0.010
赛黄晶	斜方晶系	二轴晶（＋/－）	1.63~1.64	0.006

续表 2-1

宝石名称	晶系	光性	折射率	双折射率
顽火辉石	斜方晶系	二轴晶（＋）	1.65~1.68	0.010
橄榄石	斜方晶系	二轴晶（＋/－）	1.65~1.69	0.036
翡翠（多晶质）	单斜晶系	—	1.66	—
锂辉石	单斜晶系	二轴晶（＋）	1.66~1.68	0.015
柱晶石	斜方晶系	二轴晶（－）	1.67~1.68	0.013
透辉石	单斜晶系	二轴晶（＋）	1.67~1.70	0.025
硼铝镁石	斜方晶系	二轴晶（－）	1.67~1.71	0.038
黝帘石（坦桑石）	斜方晶系	二轴晶（＋）	1.69~1.70	0.009
蓝晶石	三斜晶系	二轴晶（－）	1.71~1.73	0.012~0.017
蔷薇辉石	三斜晶系	二轴晶（＋/－）	1.72~1.74	0.014
金绿宝石	斜方晶系	二轴晶（＋）	1.74~1.75	0.009
榍石	单斜晶系	二轴晶（＋）	1.89~2.02	0.10~0.134

注：表中给出的折射率值是每种宝石矿物常见的折射率和双折射率的范围。以上所有折射率值仅供参考，实测数据可能与表中数据有一定差异。

五、待测宝石及工作原理

待测宝石必须具有抛光的平面或弧面。

待测宝石为光疏介质，棱镜和接触液均为光密介质。当入射角小于临界角时，光线折射进入待测宝石；当入射角大于临界角时，光线发生全反射，返回棱镜并通过折射仪标尺，再经反光镜反射，使之通过目镜，形成亮区。折射入待测宝石的光线不能被人眼所观察到，形成暗区。亮暗交界的阴影边界即标志着光线刚好以临界角入射（图2-5a）。折射仪中的内标尺都是经过校正的，可以直接读出折射率值（图2-5b）。

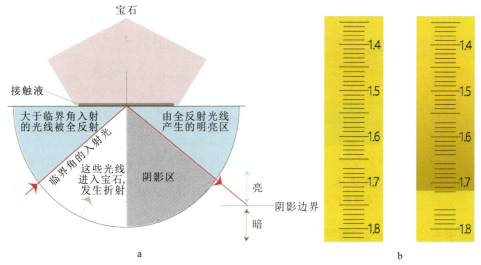

图2-5 折射仪中的阴影边界形成示意图（a）及实际观察到的阴影边界（b）

阴影边界的位置是由临界角值决定的，临界角值又取决于相接触的棱镜和待测宝石这两个介质的折射率值，接触液的薄膜不会改变临界角。折射仪棱镜的折射率是个常数，临界角随所测宝石的折射率值而变化（图2-6），所以标尺可直接按折射率值标定。

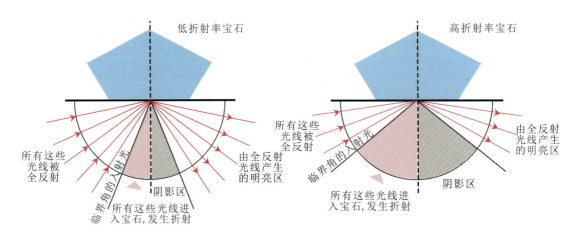

图2-6 折射仪棱镜上不同折射率的宝石具有不同的临界角

第三节 折射仪的使用方法和测试步骤

利用折射仪测试宝石的折射率值主要适用于透明至不透明的具有抛光平面的单晶和多晶质宝石。根据待测宝石的琢型以及大小主要有近视法和远视法两种测试方法。

一、近视法

近视法也称为刻面法，主要适用于刻面型宝石，主要操作步骤为：

（1）接通折射仪光源，打开仪器，观察视域的清晰程度。

（2）用酒精清洗宝石和棱镜。

折射仪的使用

（3）待酒精挥发后，在折射仪棱镜中央轻轻点一滴接触液，通常液滴直径以约2mm为宜。

（4）将宝石的待测面放置于金属台上，轻推宝石至棱镜中央，轻压宝石，使宝石通过接触液与棱镜产生良好的光学接触。

（5）眼睛靠近目镜，观察视域内标尺的明暗情况，并转动偏光片，读取阴影区和明亮区界线处的读数。

（6）用手指轻轻转动宝石360°，观察阴影边界的数量及变化情况，分别记录最大和最小的折射率值，读数保留至小数点后第三位，第三位数是估读的。初学者可每转动30°～90°不等分别进行观察、读数并记录（图2-7）。

（8）测试完毕，将宝石轻推至金属台上，取下宝石。

（9）清洗宝石和棱镜。清洗棱镜时要注意将沾有酒精的棉球或镜头纸沿着一个方向擦拭，以防接触液中析出的硫污染棱镜。

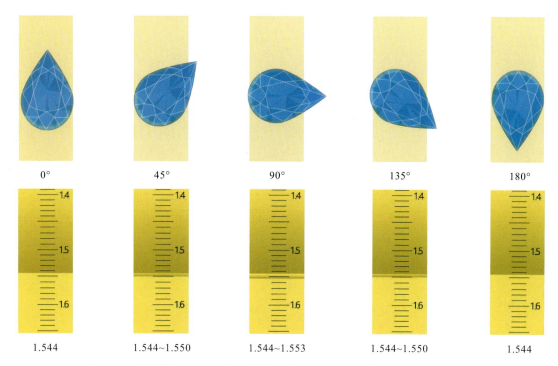

图 2-7 实际操作中观察到的不同位置的宝石对应的折射率值（以水晶为例）

采用近视法可以准确地测试出宝石的折射率、双折射率、轴性以及光性；其中双折射率是用最高折射率减去最低折射率，也把它称为"双折率"或是"DR"。

二、远视法

远视法也称为点测法，主要适用于弧面型宝石或小的刻面型宝石。采用远视法测试，得到的是宝石的近似折射率值，主要操作步骤如下：

（1）清洗棱镜和宝石。

（2）在金属台上点一滴接触液。

（3）手持宝石，用待测宝石的弧面或小刻面接触金属台上的液滴，使宝石上接触液的液滴直径为 0.2mm。若宝石上的液滴较大，则不易得到清晰而准确的读数。

（4）将带有合适接触液的宝石轻轻放置于折射仪的棱镜中央，使宝石通过液滴与棱镜形成良好的光学接触。

（5）眼睛距目镜 25～45cm，透过目镜可以在视域中看到一个圆形或者椭圆形的影像，这是宝石与折射仪棱镜台呈光学接触部分液滴的影像（图 2-8）；平行目镜上下移动头部，观察液滴的明暗状态。当液滴呈半明半暗（液滴上半部分灰暗下半部分明亮）时，读取明暗交界处的读数并记录，这条交界线处的值即为宝石的近似折射率值（图 2-8），读数要精确到小数点后第二位。

（6）测试完毕，将宝石取下。

（7）清洁宝石和棱镜。

在整个读数过程中，当液滴影像所在的位置高于所测宝石的折射率时，椭圆形或圆形液

宝石鉴定仪器教程

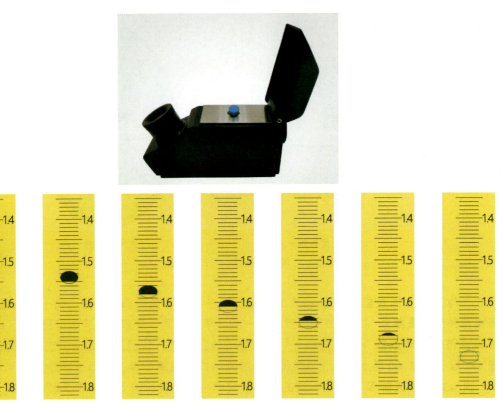

图2-8 在远视法操作中视线从上到下移动时标尺变化示意图（以绿松石为例，折射率读数为1.61）

滴的影像看上去是亮的；反之，当液滴影像所在的位置低于所测宝石的折射率时，液滴看上去是暗的。通过几次从亮到暗再从暗到亮地观察液滴影像后，就能找到液滴影像被水平的阴影边界二等分为亮区和暗区的位置，这条划分线就是获取折射率读数的位置。

值得注意的是，远视法可以用来确认宝石的折射率值高于折射油，当所测宝石的折射率超过折射仪测试范围时，液滴在整个标尺范围内始终是暗的。可记作：RI＞1.79或负读数。

另外，在测试过程中，若液滴的形状不是上下对称时（图2-9a），可以适当调整宝石在棱镜上的位置，确保液滴影像的上下对称性，以便更加准确地读数；若发现液滴在上下移动的过程中，明暗变化区域过小，液滴影像的黑色轮廓较厚（图2-9b），则说明液滴过多，需要用纸巾吸取部分折射油后，重新按照上述步骤测试。

远视法不如近视法精确，而且远视法不能测试宝石的双折射率值、轴性以及光性。

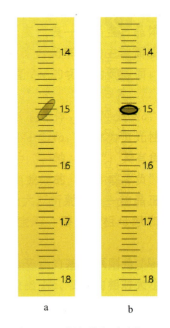

图2-9 液滴形态不对称（a）及液滴影像的黑色轮廓较厚（b）

第四节　近视法观察现象及结果解释

一、均质体宝石的折射率

当光进入均质体宝石时，不会发生分解，且在各个方向上的传播速度相等，因此只有一个固定不变的折射率值。

在折射仪上转动宝石 360°，若折射仪视域内始终只出现一条固定不变的阴影边界，表明所测试的宝石为均质体宝石，包括等轴晶系宝石和非晶质体宝石（图 2-10）。

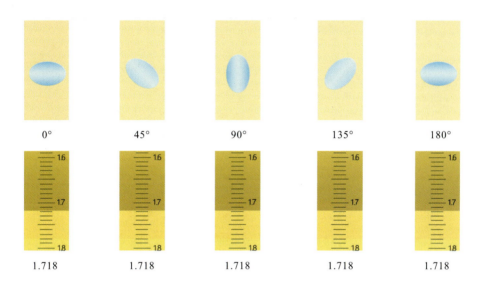

图 2-10　不同角度观测均质体宝石折射率不变（以尖晶石为例）

二、非均质体宝石的折射率

非均质体宝石包括三方晶系、四方晶系、六方晶系、三斜晶系、单斜晶系和斜方晶系的宝石。当光进入非均质体宝石时，会发生分解，分解成两束振动方向相互垂直的偏振光，由于分解后光的传播速度不同，其对应的折射率大小也不相同，因此一轴晶宝石有两个主折射率值 Ne 和 No，二轴晶宝石有 3 个主折射率值 Ng、Nm 和 Np。

1. 一轴晶宝石

在折射仪上转动宝石 360°，折射仪视域内出现两条阴影边界，其中一条阴影边界固定不动，另一条阴影边界上下移动，说明待测宝石为一轴晶宝石，即为三方、四方或六方晶系的宝石。

固定不动的阴影边界读数为常光的折射率值 No（与光轴垂直方向），上下移动的阴影边界读数则为非常光的折射率值 Ne'（光轴方向）。

一轴晶宝石光性判断方法为：若不动的阴影边界读数较小，则此宝石为一轴晶正光性，即 $Ne'(Ne) > No$，记为一轴（＋）或 U（＋）；若不动的阴影边界读数较大，则此宝石为一轴晶负光性，即 $Ne'(Ne)<No$，记为一轴（−）或 U（−）。两个阴影边界距离最大时，即此时常光和非常光的折射率差值最大，此差值即为最大双折射率（图2-11）。最大双折射率是鉴定宝石的一个非常重要的参数，要求精确到小数点后第三位。

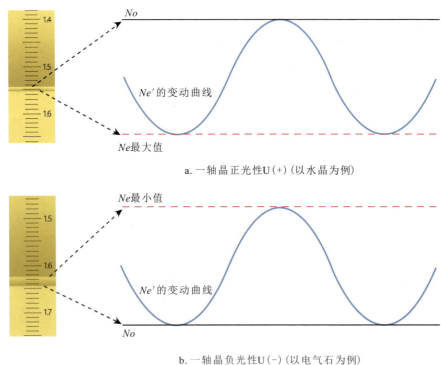

a. 一轴晶正光性U(+)（以水晶为例）

b. 一轴晶负光性U(−)（以电气石为例）

图2-11 一轴晶宝石的光性

2. 二轴晶宝石

在折射仪上转动宝石360°，折射仪视域内出现两条阴影边界，并且两条阴影边界均随着宝石的转动而上下移动，这种情况说明待测宝石为二轴晶宝石，即为三斜、单斜或斜方晶系的宝石。

二轴晶宝石有3个主折射率值，高值 $Ng(\gamma)$、中间值 $Nm(\beta)$ 和低值 $Np(\alpha)$。

二轴晶宝石光性判断方法为：转动宝石过程中，若大折射率阴影边界上下移动的幅度比小折射率阴影边界上下移动的幅度大，则说明 $Ng-Nm>Nm-Np$，宝石为二轴晶正光性（图2-12），记为二轴（＋）或 B（＋）；反之，则说明 $Ng-Nm<Nm-Np$，宝石为二轴晶负光性（图2-12），记为二轴（−）或 B（−）。

二轴晶宝石在转动过程中可出现两条阴影边界逐渐靠近直至重合的特殊现象，重合位置的读数即为该宝石的 $Nm(\beta)$ 值。

3. 高折射率宝石

在折射仪上转动宝石360°，整个视域较暗，仅能观察到折射油所形成的位于1.79±的阴影边界（使用1.79的折射油），这种现象说明待测宝石的折射率值大于接触液的折射率值，可记录为"负读数"或"RI＞1.79"，如钻石、锆石、锰铝榴石、翠榴石等（图2-13）。

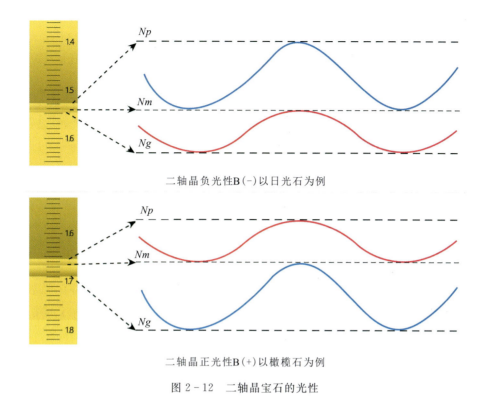

二轴晶负光性B(-)以日光石为例

二轴晶正光性B(+)以橄榄石为例

图 2-12　二轴晶宝石的光性

4. 几种特殊现象

1）假均质体现象

转动宝石360°，好像只有一条阴影边界，但快速转动偏光片，阴影边界则出现上下跳动的现象。这种现象说明待测宝石是非均质体，并且其双折射率非常小，两条阴影边界距离很小，肉眼难于分辨。

如：磷灰石，$Ne=1.626$，$No=1.629$，其双折射率为0.003；符山石，$Ne=1.703$，$No=1.705$，其双折射率仅为0.002。

2）假一轴晶现象

有些二轴晶宝石的Ng与Nm或Nm与Np差值很小，当转动宝石360°时，好像其中一条阴影边界不动，类似一轴晶宝石的现象，如金绿宝石，Nm接近Np，$Ng=1.753$，$Nm=1.747$，$Np=1.744$；托帕石，Nm接近Np，$Ng=1.616$，$Nm=1.609$，$Np=1.606$；柱晶石，Nm接近Ng。

图 2-13　负读数

3）双折射率过大的宝石

某些具有过大双折射率的宝石（其中一个折射率值位于折射仪测试范围之内，而另一个折射率值超出了测试范围）容易被误认为是单折射宝石。

如菱锰矿和菱锌矿，两者均为一轴晶负光性宝石。其中菱锰矿的折射率为1.597～1.817，双折射率为0.220，$No=1.817$，$Ne=1.597$；菱锌矿的折射率为1.621～1.849，双折射率为0.225～0.228，其中$No=1.849$，$Ne=1.621$，两者No的折射率值均超过了折射仪的测试范围。当在折射仪棱镜上转动菱锰矿和菱锌矿这两种宝石时，在折射仪中只能看到一条阴影边界，并且随着宝石转动，阴影边界也在不停地移动。这种双折射率很大，且一个折射率值位于折射仪测试范围之内，而另一个折射率值超出测试范围的宝石，极易迷惑初学者，测试这类宝石时要格外注意，可以与偏光镜及二色镜配合使用。

4）特殊光性方位切面

（1）一轴晶宝石。

当一轴晶宝石的光轴方向，即非常光 Ne 的振动方向平行折射仪棱镜长轴方向时，两条阴影边界重合，但随着宝石的转动，这种现象随即消失。

当一轴晶宝石的光轴方向，即非常光 Ne 的振动方向垂直于折射仪棱镜平面时（即待测刻面为垂直于光轴的切面），常光线 No 的阴影边界始终与非常光 Ne 的阴影边界保持不变，在任何位置上都显示出最大双折射率，为测试宝石材料的光性符号，选择另一个与前述刻面不平行的刻面测试即可。

（2）二轴晶宝石。

当待测宝石的刻面与 3 个主折射率的振动方向之一垂直时，则必有一条阴影不动，一条阴影边界移动，与一轴晶宝石的现象一致，但只要换一个刻面测试这种现象立即消失。

第五节　折射仪的用途及使用注意事项

一、折射仪的用途

（1）鉴定宝石品种。折射仪可以通过测定折射率值在 1.35～1.81 之间宝石的折射率值来鉴定宝石。

（2）折射仪可以测定宝石的双折射率值。

（3）折射仪可以确定宝石的轴性，如一轴晶、二轴晶和各向同性（包括等轴晶系和非晶质宝石）。

（4）折射仪可以确定宝石的光性符号，如各向异性宝石的正光性和负光性。

（5）折射仪可鉴别某些合成宝石与天然宝石，如合成尖晶石的折射率通常为 1.727，而天然尖晶石的折射率通常为 1.718。

二、使用折射仪的注意事项

（1）使用折射仪之前，要对其进行检查和校准。

（2）所测试的宝石一定要有抛光面，如无光滑抛光面，宝石则无法与折射仪棱镜保持良好的光学接触。

（3）测试时要避免宝石划伤棱镜。高折射率的铅玻璃棱镜硬度较小，若使用不当，所测试的宝石材料可能会在棱镜上留下划痕。

（4）折射仪的测试范围因所用的棱镜类型和接触液而异，通常情况下折射仪测试范围为 1.35～1.81。宝石的折射率小于 1.35 或者大于 1.81 都无法读数，若宝石的折射率高于接触液的测试范围，在折射仪上表现为"负读数"。

（5）不能区分某些天然宝石与人工处理宝石，如天然蓝宝石与热处理蓝宝石。

（6）不能区分某些天然宝石与合成宝石，如天然红宝石与合成红宝石。

（7）测试时接触液要适量。由于接触液密度很大，若接触液点得过多，密度较小的小颗粒宝石会漂浮；若点得过少，宝石则不能与棱镜产生良好的光学接触。另外在测试过程中接触液若放置过久会挥发，硫晶体会析出，将越来越难获得清晰的读数，此时要仔细清洁宝石和玻璃棱镜并重新操作和测试。

（8）操作时要尽量保持宝石在棱镜中部位置时进行读数，同时注意近视法在观察时让眼睛尽可能地靠近目镜。在获取所有读数时，眼睛均需要保持在同样的位置，这样才可避免因阴影边界的光学位移而导致折射率读数的误差。

（9）测试结束后，要及时擦拭棱镜上残留的接触液，避免接触液腐蚀棱镜及硫晶体析出粘在棱镜上。

（10）折射率读数的精确度和可靠性取决于样品的抛光质量、接触液的多少、样品是否干净、折射仪的校准、所用光源的类型等多方面因素。

（11）折射仪与偏光镜、二色镜配合使用，可以得出更加准确的结论。

思考题

1. 利用远视法可以测定宝石的双折射率吗？
2. 什么是全反射？全反射原理是如何应用于折射仪的？
3. 什么因素控制了折射仪上能获得的折射率读数的上限？
4. 什么是单色光？为何测折射率要使用单色光？
5. 有些宝石在折射仪上无法测试，这是为什么？

第三章　偏光镜

偏光镜是珠宝检测实验室常规的宝石鉴定仪器之一，是一种结构简单、操作方便的宝石鉴定仪器（图 3-1），主要用于检测透明宝石材料的各向同性和各向异性特征，还可以用于判断宝石的轴性，检查宝石的多色性。

第一节　偏光镜的结构及工作原理

偏光镜的光源为白色的自然光，利用偏光片只允许一个振动方向的入射光通过来获取平面偏振光。平面偏振光又称直线偏振光，这种光波的振动沿一个特定方向固定不变。正交偏光则是利用两个偏光片形成，当两个偏光片振动方向相互垂直时光无法通过（图 3-2），此时观察为全暗现象，即产生全消光，也称为正交偏光。

图 3-1　偏光镜与干涉球

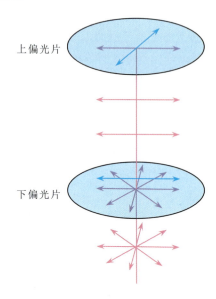

图 3-2　偏光镜正交位置示意图

偏光镜就是根据偏振光的特点制作的，其组成结构比较简单，主要是由上偏光片（检偏器）、下偏光片（起偏器）、玻璃载物台、光源组成（图 3-3），光源一般采用普通白炽灯，还可配有干涉球。偏光镜在设计中，通常是将下偏光片固定，上偏光片可以转动，通过转动上偏光片，调整上偏光的方向。为了保护下偏光片，在它的上方有一个可以旋转的玻璃载物台，用于放置宝石。配备的干涉球则用来观察宝石的干涉图。

当自然光经过偏光镜的下偏光片时，产生了平面偏振光，如果上偏光与下偏光振动方向平行，那么来自下偏光片的偏振光全部通过，此时视域亮度最大；如果上偏光与下偏光振动方向垂直，此时来自下偏光片的偏振光全部被阻挡，此时视域最暗，即产生了全消光。

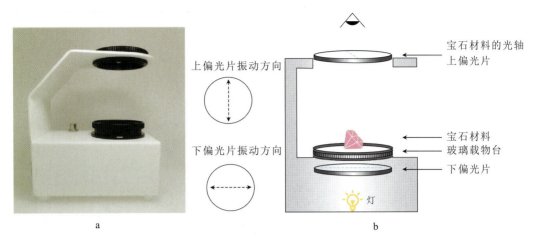

图 3-3 偏光镜的实物外观（a）及结构（b）

第二节 偏光镜在宝石鉴定中的应用

偏光镜的主要用途是判断宝石的光性，可有效区分各向同性与各向异性的宝石以及区分多晶质和单晶质宝石，此外，还可以利用干涉球在正交偏光下观察各向异性宝石的干涉图，区分一轴晶和二轴晶宝石，也可以在单偏光下观察宝石的多色性。

一、偏光镜的基本操作步骤

（1）擦干净玻璃载物台和样品，接通电源，打开开关。将样品放置在玻璃载物台上，若是刻面型宝石应将亭部与载物台接触，以避免产生假全暗现象。

偏光镜的使用

（2）转动上偏光片直至视域最暗，此时即处于消光位置（图 3-4b）。

（3）转动玻璃载物台 360°（若无载物台，可用手或镊子在水平方向上转动宝石 360°），仔细观察样品的明暗变化特点。

（4）记录并分析结果。

图 3-4 偏光镜的全亮位置（a）与消光位置（b）

二、现象及解释

1. 全消光

宝石在正交偏光下呈现黑暗的现象为消光现象。在正交偏光镜下转动均质体宝石360°，宝石在视域中始终保持全暗（消光），称为全消光，如钻石、萤石、尖晶石等。

均质体宝石允许各个振动方向的光通过，来自下偏光片的偏振光通过各向同性宝石以后，光的振动方向及振动特点不发生任何改变，与上偏光片的振动方向仍然是垂直的，光线不能通过上偏光片，因此转动宝石360°，宝石在视域中始终呈现全暗状态（图3-5）。

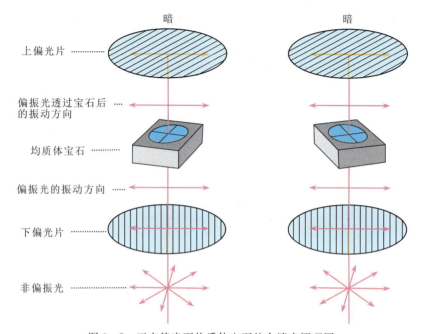

图3-5 正交偏光下均质体宝石的全消光原理图

2. 四明四暗

当待测宝石为非均质体时，在正交偏光镜下转动宝石360°，斜交OA切面宝石会有四次黑暗四次明亮相间出现的现象，称为四次消光或四明四暗现象（图3-6），如水晶、碧玺、红宝石、绿柱石、橄榄石等。

这主要是因为非均质体宝石具有将光分解为振动方向相互垂直的两束偏振光的性质（光轴方向除外）。当来自下偏光片的偏振光，进入到非均质体宝石（光轴方向除外）后，会被分解成振动方向相互垂直的两束偏振光，随着宝石转动360°，两束偏振光的振动方向也会随之变化。

当来自下偏光片的偏振光进入待测宝石时，若下偏光的振动方向与宝石的两个主折射率方向之一平行时，下偏光透过宝石，振动方向不发生改变，仍与上偏光振动方向垂直，光线不能通过上偏光片，视域表现为全暗（图3-7a）。当下偏光的振动方向与宝石的两个主折射率方向斜交时，下偏振光透过宝石，被分解成振动方向相互垂直的两束偏振光，它们的振动方向与上、下偏光片的振动方向都不一致；这两束偏振光离开宝石，传播至上偏光片的时

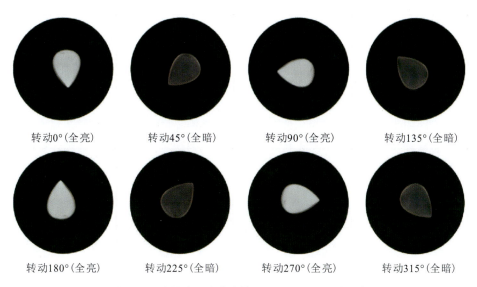

图 3-6 水晶在正交偏光镜下呈现的四明四暗现象

候,上偏光片又把这两束偏振光分别进行分解,分解出的垂直于上偏光片振动方向的光被吸收,而平行于上偏光片振动方向的光则能通过,这时视域变亮(图 3-7b)。当下偏光的振动方向与宝石的两个主折射率方向斜交呈 45°时,视域最亮。随着宝石的转动,便会出现明暗交替的现象,这种交替现象在宝石转动一周的过程中会出现四次。

值得注意的是,如果非均质体宝石的光轴方向平行于观察方向,在正交偏光镜下转动宝

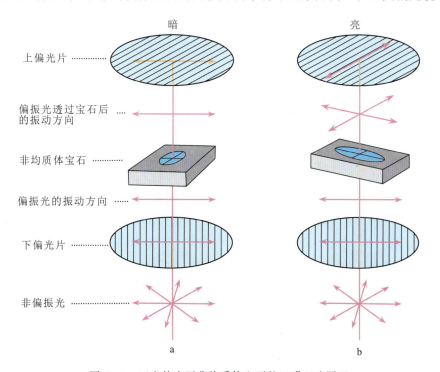

图 3-7 正交偏光下非均质体宝石的四明四暗原理

石360°，宝石始终出现全暗现象。

3. 集合消光

透明至半透明的多晶（包括显晶质及隐晶质）非均质集合体宝石在正交偏光镜下转动360°，视域出现始终明亮的现象，如玛瑙、玉髓、蛇纹石、翡翠、石英岩玉等（图3-8）。主要原因是：多晶质集合体中有大量的晶粒呈杂乱无章的排列，当来自下偏光片的偏振光进入样品时，不同的小晶粒对光进行分解后，产生的偏振光的振动方向也是杂乱无章的。当转动样品时，总有许多晶粒处于不消光状态，因此在任何位置上都会有光通过，总体效果近似自然光，这些光可穿过上偏光片，使视域始终明亮。

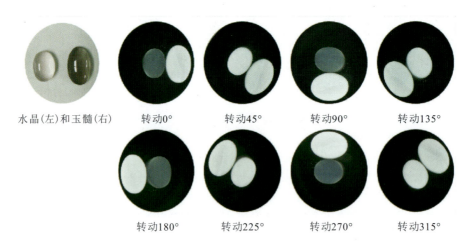

图3-8　水晶及玉髓在正交偏光镜下转动一周的消光现象对比
（水晶在正交偏光镜下转动一周呈四明四暗现象，玉髓则呈现集合消光）

但是，有些隐晶质的多晶质集合体中微细的晶粒偶尔也呈近于平行的排列，这时在正交偏光镜下会观察到模糊的消光现象；某些类型的玻璃在转动时也可以呈全亮状态，故需要配合其他仪器来确认测试结果。

4. 异常消光

许多均质体宝石在正交偏光下，并不出现全暗的现象，而是随着宝石的转动，呈现出不规则的明暗变化，这种现象称为异常消光。异常消光往往呈现斑纹状、格子状和无色圈的黑十字等现象（图3-9），这主要是由在均质体宝石中出现异常双折射造成的。

不同的宝石，其异常双折射的原因也是不相同的。如：石榴石中类质同像替代广泛，致

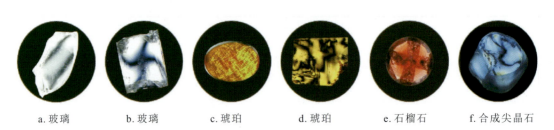

图3-9　常见的异常消光现象

使其晶格产生了某些不均匀性，从而出现了异常消光现象，有时会出现类似四明四暗（假四明四暗）的消光现象（图 3-10）；玻璃在生产过程中，由于快速冷却，导致内部应力聚集，形成异常双折射，使得玻璃在正交偏光下经常可以观察到无色圈的黑十字（图 3-9b）以及"蛇形带状"的异常消光现象；焰熔法合成尖晶石，在合成过程中加入了过量的铝，使其晶格具有一定程度的扭曲，形成异常双折射，在正交偏光下观察会出现格子状或斑纹状的异常消光现象。

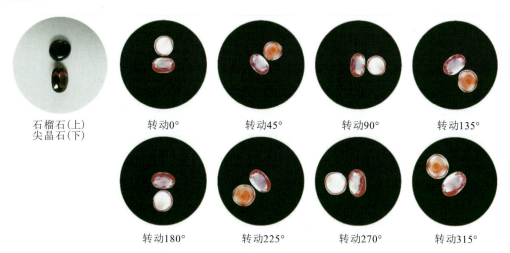

图 3-10　石榴石、尖晶石类似四明四暗的异常消光现象

初学者经常会把异常消光与四明四暗的消光现象混淆。当异常消光与四明四暗消光现象难以判别时，可以进行如下操作进行区分：首先在正交偏光下将样品转至最亮的位置，然后再转动上偏光片使视域最亮（此时即上、下偏光片的振动方向一致），然后再观察样品的明暗变化，如果宝石亮度不变或稍暗，则为非均质宝石；如果样品变亮，则为均质体宝石。

判断宝石是否为异常消光，还可以通过折射仪、二色镜等仪器对其光性进行验证。如石榴石有时在正交偏光镜下会出现假四明四暗的消光现象，但其在折射仪中仅有一条阴影边界，并且没有多色性。

偏光镜也可以帮助判断双折射率很小的宝石的光性特征，如磷灰石，其双折射率只有 0.003，在折射仪中经常会出现假均质体现象，但在偏光镜下，会出现非常典型的四明四暗消光现象，很容易判断出为非均质体宝石。

5. 其他现象

1）全暗假象

有些高折射率的非均质体宝石，如锆石、合成碳硅石等，若切工良好，其台面向下放置时，光线会在宝石中发生全反射，几乎没有光线能穿过宝石亭部，那么即使是非均质体宝石，也会出现全暗的现象，即全暗假象。要排除这种并非由宝石本身的光性造成的全暗现象，可以调整宝石的放置方位，将亭部刻面直接放置在玻璃载物台上再次进行观察（图 3-11）。

2）全亮假象

某些透明的非均质体单晶宝石由于内部具有较多的裂隙或含有大量的包裹体，在正交偏

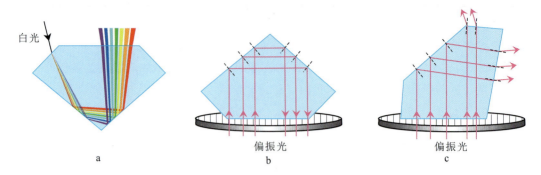

图 3-11　宝石台面向下放置（b）与亭部向下放置（c）

光镜下会显示全亮的现象，即全亮假象，如红宝石、碧玺、祖母绿等（图 3-12）。这主要是由于裂隙和包裹体影响光在宝石中的传播，从而难以准确判断其光学性质。可通过折射仪、二色镜等对其光性进行验证和判定。

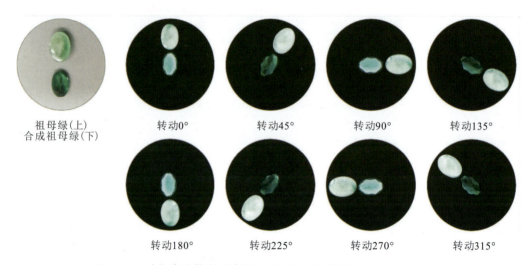

图 3-12　内部存在较多裂隙的祖母绿在正交偏光镜下呈现全亮假象

三、干涉图的观察

干涉图是透明的非均质体单晶宝石在正交偏光镜下沿其光轴方向借助无应变干涉球（会聚透镜）（图 3-13a）所观察到的干涉色圈和消光影组成的图案，干涉球的作用是使通过它的平面偏振光变成锥形偏振光，在晶体光学中，将此系统称为聚敛偏光系统。干涉图是非均质体宝石和聚合偏光相互作用产生的一种光学效应。

光线在非均质体宝石中产生双折射，分解成两束振动方向相互垂直的偏振光，宝石相对于两者的折射率不一样（两束偏振光的传播速度不同），造成了一定的光程差。通过下偏光片后的偏振光在透过宝石之后会产生干涉，使白光中一部分波长的光加强，另一部分波长的光减弱，这些经过干涉后的光，会产生各种颜色，称为干涉色。干涉色的产生取决于宝石的双折射率和光程差。干涉球的作用是增加透过宝石后的光的光程，产生不同大小的光程差，从而可以看到更清晰的干涉图。不同光性的宝石具有不同的干涉图形状,根据干涉图形状可以判断宝石的轴性。

1. 观察干涉图的方法

(1) 接通电源,打开偏光镜电源开关,将正交偏光视域调为最暗状态。

(2) 在玻璃载物台上放入宝石,并上下、左右转动宝石。

(3) 当转到某个位置,从上偏光片上观察到宝石出现干涉色时(图3-13b),在颜色最密集处加上干涉球,即可观察到宝石干涉图(图3-14)。

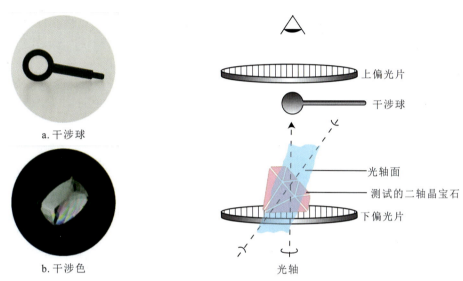

图3-13 正交偏光镜下非均质体宝石表面的干涉色(b)以及干涉球(a)

图3-14 沿二轴晶的单个光轴方向观察干涉图

宝石的干涉图只有在宝石的光轴或近似光轴的方向才能观察到,因此在观察宝石干涉图时需要不断地转动宝石,调整宝石方位,才有可能寻找到该方向并观察到干涉图。

2. 现象与结论

(1) 一轴晶干涉图。

对于一轴晶宝石来说,其干涉图为黑十字和干涉色圈的组合,即由被黑十字穿插的彩色同心环组成(图3-15a,图3-16a~d)。值得注意的是,水晶常常(但并不总是)显示中空

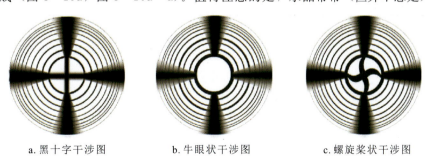

a. 黑十字干涉图　　　　b. 牛眼状干涉图　　　　c. 螺旋桨状干涉图

图3-15 一轴晶宝石的干涉图示意图

的黑十字干涉图，即黑十字中心无交点，而为淡绿色或淡粉色的圆斑，可称之为牛眼状干涉图（图3-15b，图3-16e～g）。这种效应主要是由于水晶具有旋光性，Si—O四面体沿c轴呈螺旋状排列，因此偏振光沿c轴方向（光轴方向）入射，光通过水晶晶体后，振动方向会发生一定角度的旋转，使原来一轴晶干涉图黑十字中心不消光，形成独特的牛眼状干涉图。某些水晶因双晶发育（特别是紫晶），干涉图在中心位置呈现四叶螺旋桨状（图3-15c，图3-16h）。

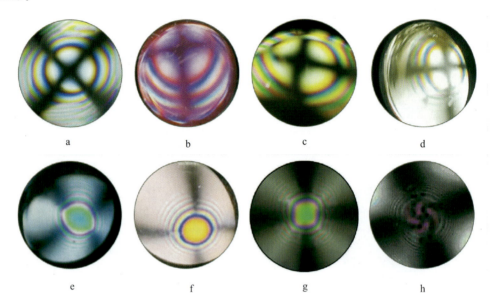

图3-16 一轴晶宝石干涉图的实拍图
a～d为黑十字干涉图；e～g为牛眼状干涉图；h为螺旋桨状干涉图

（2）二轴晶干涉图。

对二轴晶宝石来说，干涉图为单臂干涉图或双臂干涉图（图3-17，图3-18）。

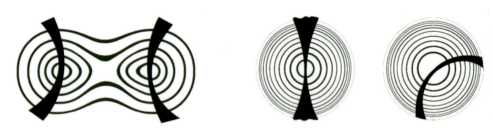

a.双臂干涉图（双光轴）　　　　　　　b.单臂干涉图（单光轴）

图3-17 二轴晶宝石的干涉图示意图

当二轴晶宝石的两个光轴同时出现在一个视域中时，二轴晶干涉图，或是呈穿过两套同心干涉色圈的一个黑十字，此时宝石的光轴面与偏光片的振动方向平行（图3-19b）；或是呈各穿过一套同心干涉色圈的两个黑臂，此时宝石的光轴面与偏光片的振动方向呈45°（图3-19a），此干涉图称为双臂干涉图（图3-17a，图3-18a）。转动宝石，黑十字的臂朝外移

a. 双臂干涉图（双光轴）　　　　　　　　　　b. 单臂干涉图（单光轴）

图 3-18　二轴晶宝石干涉图的实拍图

动，变成两个弯曲的单臂（图 3-19a）。继续转动宝石，黑臂又朝里移动变成黑十字（图 3-19b）。干涉图的形状取决于光轴相对于偏光片振动方向的位置。

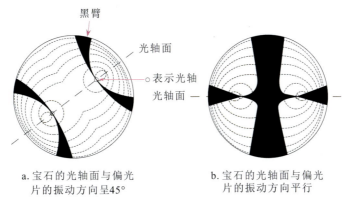

a. 宝石的光轴面与偏光　　　　　b. 宝石的光轴面与偏光
　片的振动方向呈45°　　　　　　　片的振动方向平行

图 3-19　二轴晶宝石的两个光轴出现在同一视域中时看到的干涉图

在许多宝石中，由于两个光轴的交角过大，以致在同一干涉图中无法看到两个光轴，大部分情况下，只能看到一个光轴，此时，干涉图是由单个弯曲或平直的黑臂穿插一套近乎同心的干涉色圈组成，此时的干涉图称为单臂干涉图（图 3-17b，图 3-18b）。

由于待测宝石不同的形状和表面特征，干涉图的完整程度和精确形状也会有显著变化，干涉图随晶体的结构而变化。

四、偏光镜的主要用途

（1）可以区分均质体和非均质体宝石。如红宝石和红色尖晶石，红宝石在正交偏光镜下转动一周为四明四暗现象，红色尖晶石在偏光镜下转动一周为全暗现象。

（2）可以区分单晶质宝石和多晶质集合体宝石。如水晶和玉髓，水晶在正交偏光镜下转动一周为四明四暗现象，玉髓在偏光镜下转动一周为全亮现象。

（3）正交偏光镜下，利用干涉球下出现的干涉图可区分一轴晶和二轴晶宝石。

（4）观察宝石的多色性。具体方法为：转动偏光镜的上偏光片，使上下偏光片的振动方向一致，视域呈全亮状态；将样品放在玻璃载物台上，分别从 2~3 个不同的方向上，转动宝石并进行观察，如果宝石颜色有变化，则说明其具有多色性；综合不同方向上观察到的颜色，可列出宝石大致的二色或三色性颜色。但偏光镜下所测得的多色性在色度特征上不如二色镜准确,仅可作为辅助性鉴定依据,若要准确地描述宝石的多色性,还是需要借助二色镜。

第三节 使用偏光镜的注意事项

使用偏光镜测试宝石光性、轴性的过程中,还需注意其使用范围及影响因素。

(1) 偏光镜不适用于不透明和暗色宝石。

(2) 样品不能太小,否则难以观察和解释。

(3) 多裂隙或多包裹体的样品,因光线在其中传播受到影响,可能会出现全亮假象。如聚片双晶发育的样品在正交偏光镜下转动一周为全亮,并不属于多晶质体集合消光现象。

(4) 具高折射率且切工好的样品(如合成碳硅石、锆石等)应将亭部刻面与载物台接触,若台面向下与载物台接触,会因全反射而视域全暗,导致错误结论。

(5) 测定光性时,样品在载物台上的位置要避免其光轴方向与观察方向一致。光波沿光轴方向传播时不发生双折射,因此宝石转动一周,视域始终是全暗的现象。在测试过程中,除了转动宝石 360°以外,还应转换宝石的方位,以排除因光线沿光轴方向传播造成的假象。

(6) 能确定轴性、光性的宝石必须是透明的非均质体单晶。

(7) 有些均质体宝石,如石榴石、玻璃、尖晶石、欧泊、琥珀等,因为异常双折射,可能出现许多不同的异常消光现象,可以配合使用其他仪器,如二色镜、折射仪等进行验证。

(8) 要注意区分均质体的黑十字异常消光与一轴晶的黑十字干涉图。黑十字异常消光无干涉色圈,如玻璃不显示规则的干涉色圈,当转动玻璃时,其黑十字的形状可以保持不变,也可以变化为扭曲的黑带;而一轴晶干涉图是黑十字与干涉色圈的组合,应注意区别,以免混淆。

表 3-1 偏光镜效应归纳表

操作与现象	结 论	实 例
宝石转动 360°,全暗	各向同性材料:非晶质的或等轴晶系的宝石	石榴石、尖晶石、玻璃、天然玻璃、萤石、钻石、塑料和欧泊等
宝石转动 360°,四明四暗	各向异性材料:一轴晶或二轴晶宝石	刚玉族宝石、绿柱石族宝石、金绿宝石、锆石、托帕石、石英、长石族宝石、坦桑石等
宝石转动 360°,全亮	多晶质材料 双晶发育的单晶宝石 裂隙发育、包裹体多的单晶宝石 拼合石	翡翠、玛瑙/玉髓、蛇纹石等 蓝宝石、红宝石 碧玺、祖母绿等 蓝宝石、合成红宝石拼合石
宝石转动 360°,异常消光	各向同性的材料(因应变导致异常双折射)	玻璃、天然玻璃、欧泊、铁铝榴石、钻石、塑料、琥珀、焰熔法合成尖晶石

思考题

1. 什么是平面偏振光？什么是正交偏光？
2. 偏光镜为何可以有效地检测宝石的光性特征，其原理是什么？
3. 使用偏光镜的局限性有哪些？
4. 使用偏光镜时，特征的异常消光现象有助于某些宝石品种的鉴别。这种异常消光现象有助于鉴别哪种常见的合成宝石？

第四章 二色镜

二色镜是专门用来观察宝石多色性的一种常规宝石鉴定仪器（图4-1）。

多色性是用来描述在某些彩色的、透明的、非均质体宝石中沿非光轴方向观察时出现不同颜色或同一颜色深浅变化的现象，包括二色性和三色性。具备多色性的前提条件是必须是有颜色、透明和双折射的单晶宝石。

多色性在某些情况下也是判定宝石品种的重要依据，尤其是当折射仪、偏光镜等仪器不能确定有色宝石是均质体还是非均质体时，二色镜能非常有效地判断有色宝石的光性特征。

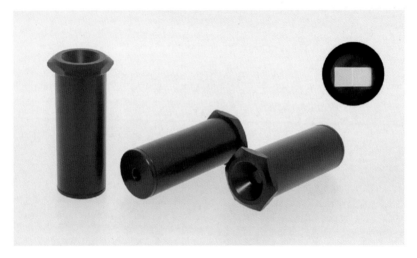

图4-1 二色镜实物图

第一节 二色镜的基本原理

自然光穿过非均质体宝石时，被分解为两束传播方向不同，振动方向相互垂直的偏振光（图4-2）。在各向异性的有色宝石中，这两束偏振光的某些波长可被选择性吸收而产生不同的颜色或同一种颜色的不同色调，每一束偏振光各自的吸收特点即代表其多色性。只要能将这两束振动方向不同的光分离开来，就可以看到不同的颜色。

二色镜就是将这两束偏振光的颜色并排显现在窗口的两个影像中，使我们可以看到不同的颜色。

一轴晶宝石有两个主折射率，宝石的差异选择性吸收使透过宝石的两束光线呈现两种不同的颜色或两种不同色调，称为二色性。二轴晶宝石有三个主折射率，与其对应可产生三种颜色或三种色调，称为三色性。

例如：红碧玺为一轴晶宝石，其多色性为粉红和深红两种颜色；坦桑石为二轴晶宝石，其多色性可显示绿黄色、紫红色和蓝色三种颜色（图4-3）。

第四章 二色镜

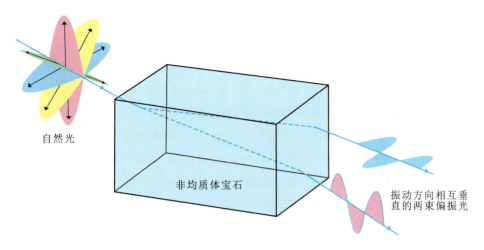

图4-2 非均质体宝石将自然光分解为两束振动方向相互垂直的偏振光

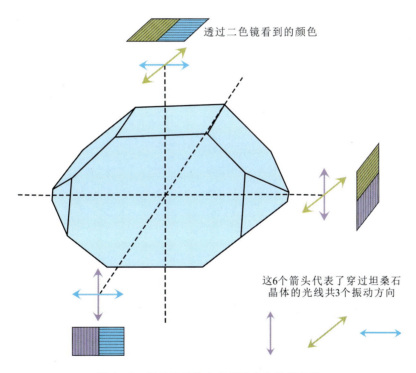

图4-3 坦桑石晶体中的振动方向和多色性

第二节 二色镜的结构

一、冰洲石二色镜

宝石检测中常用的二色镜是冰洲石二色镜，它由玻璃棱镜、冰洲石菱面体、透镜、通光窗口和目镜等部分组成（图4-4）。

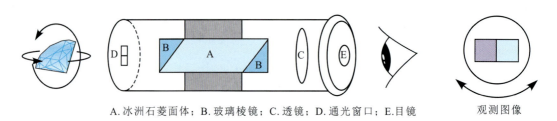

A.冰洲石菱面体；B.玻璃棱镜；C.透镜；D.通光窗口；E.目镜　　　　观测图像

图4-4　二色镜的结构图

冰洲石具有很高的双折射率，其双折射率为0.172（$No=1.658$，$Ne=1.486$），它能将一束光分解成两束偏振光。冰洲石菱面体的长度设计成正好可以使小孔的两个图像在目镜里能并排成像。当观察非均质体宝石的多色性时，冰洲石将穿过宝石的两束平面偏振光进一步分离开，使两束光线的颜色并排展现于两个窗口中（图4-5），以便将两束光线的颜色进行对比。故大多数具多色性的宝石，肉眼不易观察到多色性，而在二色镜中可以轻易辨别出来。

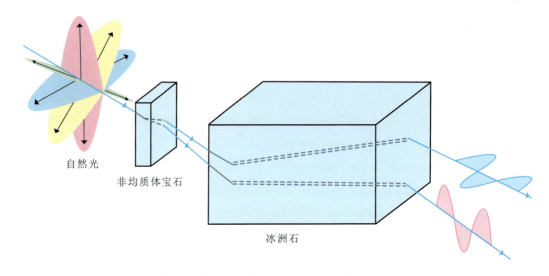

图4-5　冰洲石将穿过非均质宝石的两束平面偏振光进一步分离开

均质体宝石不具各向异性，因此不存在多色性，在二色镜中观察到的两个窗口颜色相同。

非均质有色宝石具各向异性，因而存在多色性。但是，只有当穿过宝石的两束偏振光振动方向与冰洲石菱面体光率体主轴相互平行时，看到的才是宝石真正的多色性颜色。若透过宝石的光的振动方向与二色镜中冰洲石菱面体光率体主轴相交45°时，则见不到多色性。以其他角度相交，所见到的两窗口颜色虽有差别，但仍为混合光，并非真正的多色性颜色。这就是为什么在转动二色镜和宝石的过程中，两个窗口颜色会不断变化。特别要指出的是：当非均质有色宝石的光轴平行于二色镜长轴时，看不到多色性。

二、伦敦二色镜

伦敦二色镜是用两片具有相互垂直振动方向的偏光片相拼接制作而成的简易二色镜，也被称为偏振片式二色镜（图4-6）。这种二色镜是用偏光玻璃或偏光胶膜制造，制造技术要求低,价格也比较低廉。但此类型二色镜也存在一定的缺点,首先是偏光胶膜颜色深,透明度欠佳,观察时要求强烈的光源照射,其次观察时两半视野中出现的是宝石的不同部位,当宝石颜色不均匀时,容易判断错误。当然,偏振片式二色镜也有其一定的优势,主要体现在:

(1) 仪器小并且轻巧。
(2) 偏振片式二色镜可用于原石、晶体及较大的成品宝石,成包的小宝石也可同时观察。
(3) 只要转动二色镜检查所有宝石的振动方向即可。
(4) 这种偏振片式二色镜可以有效地与低倍显微镜联用。

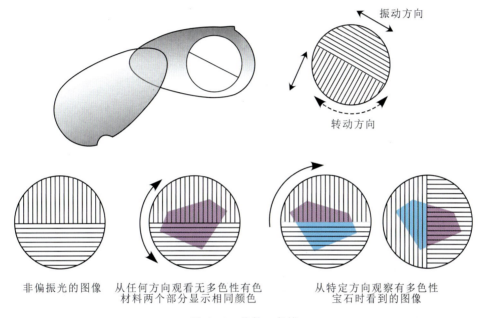

图 4-6 伦敦二色镜

第三节 二色镜在宝石鉴定中的应用

二色镜是宝石鉴定中一种辅助的鉴定仪器,可测试一些具有双折射的有色透明的宝石,主要用于宝石多色性的观察以及宝石光学性质的判断。

一、多色性的级别划分

根据多色性显示程度不同,一般分为四级:强多色性、中等多色性、弱多色性和无多色性。

强多色性:肉眼即可观察到不同方向颜色的差别,如堇青石、红柱石和蓝碧玺等。

中等多色性:肉眼难以观察到多色性,但二色镜下可观察到明显多色性,如祖母绿、海蓝宝石和蓝色托帕石等。

弱多色性:二色镜下能观察到多色性,但多色性不明显,如黄水晶、橄榄石和烟晶等。

宝石鉴定仪器教程

无多色性：二色镜下不能观察到多色性，如石榴石、尖晶石等均质体宝石和无色、白色的非均质体宝石。

多色性强弱程度的划分并不是绝对的，其级别也不能作为鉴定宝石种属的确凿依据。因为多色性不仅取决于宝石本身的光性特征，还受到宝石大小和体色深浅的影响。同种宝石，颜色越深，体积越大，多色性就越明显；颜色越浅，体积越小多色性则越不明显。如红宝石，深红色者，多色性强度为强—中等；浅色者，多色性强度就为弱。有些有色的非均质宝石的多色性可呈现为体色的深浅色调，如紫晶的多色性为浅至深的紫色，黄水晶为黄和浅黄色。宝石的多色性见图4-7和表4-1。

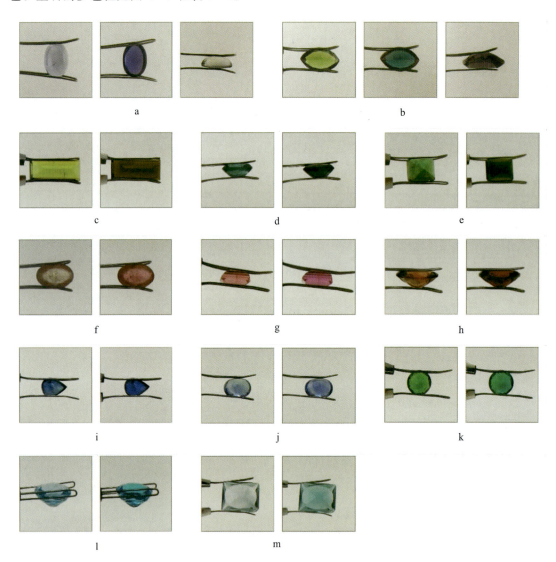

图4-7 不同宝石的多色性图示

堇青石（a）和合成变石（b）的三色性，碧玺（c、d、e、f、g、h）、蓝宝石（i、j）、
祖母绿（k）、托帕石（l、m）的二色性

表 4-1 常见宝石的多色性

宝石名称	多色性强弱程度	多色性颜色
红宝石	强	浅黄红/红色
蓝色蓝宝石	强	浅蓝绿/深蓝色
绿色蓝宝石	强	浅黄绿/绿色
紫色蓝宝石	强	浅黄红/紫色
变石	强	深红/橙黄/绿色
钒致色合成蓝宝石（变石仿制品）	强	褐绿或浅黄/浅紫色
红色碧玺	强	粉红/深红色
绿色碧玺	强	淡或亮绿/深绿到褐
蓝色碧玺	强	浅蓝色/深蓝色
褐色碧玺	强	浅黄褐/深褐色
红柱石	强	褐黄绿/褐橙/褐红色
蓝锥矿	强	无色/靛蓝色
绿帘石	强	浅黄绿/绿色/黄色
堇青石	强	浅黄色/浅蓝色/紫蓝色
粉色锂辉石	强	无色/粉红/紫
绿色锂辉石	强	淡蓝绿/草绿色/浅黄绿色
黄色锂辉石	强	浅黄/黄色/深黄色
蓝色坦桑石	强	处理的蓝色宝石常显二色性：深蓝/紫色；未处理的显三色性：蓝色/绿黄色或黄褐色/紫
矽线石	强	无色/浅黄色/蓝色
祖母绿	中等	蓝绿/黄绿色
海蓝宝石	中等	无色/淡蓝色
粉色绿柱石	中等	浅粉红/浅紫红
金色绿柱石	中等	绿黄色/黄色或不同程度的黄色
金绿宝石	中等	淡黄红/浅绿黄/绿色
猫眼	中等	无色/淡黄/柠檬黄
蓝色托帕石	中等	蓝色的不同色调
粉红色托帕石（热处理）	中等	无色或淡黄色/浅粉红/粉红
绿色托帕石	中等	无色/浅蓝色/淡绿
紫晶	中等	浅紫/紫
蓝色锆石	中等	无色或棕黄/天蓝色
蓝色磷灰石	中等	蓝色/无色或浅黄色
顽火辉石	中等	浅黄绿/绿/淡褐绿色
蓝晶石	中等	淡蓝色/蓝色/蓝黑色
紫色方柱石	中等	淡蓝紫/紫红色
橄榄石	弱	淡黄/浅绿色
黄水晶（通常是热处理的）	弱	淡黄/黄
烟晶	弱	浅红褐/褐色
芙蓉石	弱	淡粉红/粉红
红—红褐色锆石	弱	淡红褐/褐色
绿色锆石	弱	绿色/黄绿色

二、二色镜的基本操作步骤

（1）采用白光透射待测宝石样品。

（2）将样品置于二色镜小孔前，紧靠二色镜，保证进入二色镜的光为透射光。

二色镜的使用

（3）眼睛靠近二色镜目镜，转动二色镜和样品，至少从三个方向观察二色镜两个窗口的颜色差异（图4-8）。

（4）记录并分析结果。

（5）多色性现象记录内容应包括：多色性颜色数量，多色性强弱以及对多色性颜色的描述。如对于具有二色性的宝石可描述为：二色性，强，红/紫红；对于具三色性的宝石可描述为：三色性，强，紫蓝色/蓝色/浅黄色。

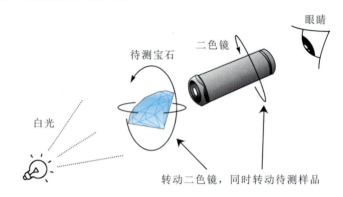

图4-8 转动二色镜的同时转动待测样品

三、现象与结论

（1）转动二色镜和样品，若二色镜两窗口出现颜色的变化，说明样品为非均质体宝石，如碧玺、红宝石、祖母绿等。

（2）转动二色镜和样品，若二色镜两窗口累计出现三种颜色的变化，则说明为二轴晶宝石，如坦桑石、堇青石、红柱石等。

（3）转动二色镜和样品，若二色镜两窗口未出现颜色的变化，可能的原因是宝石不具有多色性或宝石本身多色性很弱。下列宝石可能会出现上述情况：均质体（如萤石、尖晶石、石榴石、玻璃等），多晶质集合体（如翡翠、和田玉、石英岩玉、玉髓等），非均质体宝石中的水晶、橄榄石等弱多色性宝石。

四、二色镜的主要用途

（1）观察宝石的多色性。

（2）帮助鉴定具有强多色性的宝石。如堇青石和变石的三色性显著，堇青石的三色性为蓝色、紫蓝色和浅黄色；变石则呈现深红色、橙黄色和绿色。

（3）区分各向同性与各向异性宝石。如红宝石与红色尖晶石、红色石榴石、红色玻璃，红宝石的二色性明显，而红色尖晶石、红色石榴石、红色玻璃为均质体宝石，没有多色性。

(4) 指导加工，确定晶体最佳的颜色方向。了解宝石多色性的明显程度，对切磨宝石时准确定向很有帮助。以红宝石为例，常光（No）方向是令人喜爱的深红色，而非常光（Ne）方向则是橙红色。在加工中为了将红宝石最佳的颜色通过顶刻面显示出来，宝石工匠总会设法让台面垂直于 c 轴，因为在这个方向上看到的是常光（No）方向的颜色，看不到多色性。然而，在焰熔法合成的红宝石中，通常把台面平行于 c 轴，因为这样可切磨出较大的宝石，因此以这种方法切磨出的宝石，透过台面观察时可观察到较多的橙红色和最明显的二色性，如图 4-9 所示。

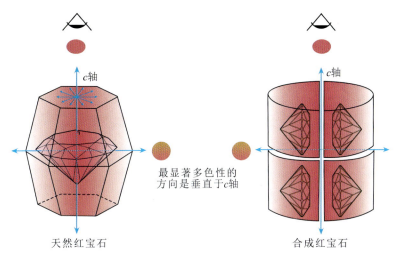

图 4-9　天然红宝石与焰熔法合成红宝石的多色性颜色方向

第四节　使用二色镜的注意事项

使用二色镜时，应要注意以下事项：

(1) 待测样品必须是透明、有色、单晶的非均质体宝石。

(2) 观察时必须采用透射光，光源应为白光、自然光，绝不能用单色光、偏振光，偏振光会影响颜色，使其产生深浅变化。

(3) 观察多色性时，要边观察边转动宝石和二色镜。

(4) 光源与样品不要靠得太近，某些宝石受热后多色性可能会发生改变。

(5) 等轴晶系宝石、非晶质宝石和无色的非均质体宝石等均不显多色性；有色的非均质体宝石沿光轴方向观察不显多色性。

(6) 当宝石的两个振动方向与冰洲石菱面体的振动方向一致时，多色性最明显；当宝石的两个振动方向与冰洲石棱镜的两个振动方向呈 45°时不显多色性。

(7) 具三色性的宝石，其三种颜色在不同方向上显示，从一个方向观察，只能见到两种颜色，因此至少要从三个方向观察宝石的多色性。

(8) 宝石多色性的强弱与双折射率的大小无关。

(9) 无多色性，不能判定该宝石是均质体宝石。

(10) 对弱多色性现象应持怀疑态度，如不能肯定测试结果，应忽略本项测试。

二色镜是一种便于操作和携带，有助于宝石检测的仪器。但在宝石鉴定中，二色镜是宝石检测中一种辅助仪器，多色性只是作为一种辅助证据，它不是真正的诊断性检测方法，它应始终作为其他测试方法的辅助。

思考题

1. 当使用二色镜检查多色性时，必须在所有方向转动宝石，这是为什么？
2. 二色镜的设计原理和结构是什么？
3. 若宝石具有二色性，是否据此可判断出宝石的轴性？请举例说明。
4. 使用二色镜有什么优点？当使用这种仪器时要注意些什么？
5. 有两种常见类型的二色镜，它们基本的光学部件分别是什么？

第五章　分光镜

　　大多数宝石的颜色是宝石中所含的致色元素对可见光的选择性吸收所致，未被吸收的光混合形成宝石的体色。不同的宝石品种常含有的致色元素相对稳定，因而常具有特定的吸收光谱。通过观察宝石的吸收光谱，可以帮助鉴定品种，推断宝石的致色原因，研究颜色的组成。分光镜即为观察宝石吸收光谱的重要鉴定仪器，其小巧便捷，且对未加工的宝石原石也可测试，使用较为方便。

第一节　分光镜的原理

一、可见光及光源

　　电磁波谱中人眼可以感知的部分称为可见光（图5-1）。可见光是电磁波谱中很窄的一个波段，没有精确的波长范围，一般为380～780nm，由不同波长的色光组成，混合而成白色。不同颜色的可见光，其波长和频率不同，能量不同，利用色散元件（棱镜或光栅）可将白光分解，依波长顺序形成连续光谱。实际观察中，常将可见光波长范围定为400～700nm，并按大致波长范围分为红、橙、黄、绿、蓝、紫色（表5-1）。

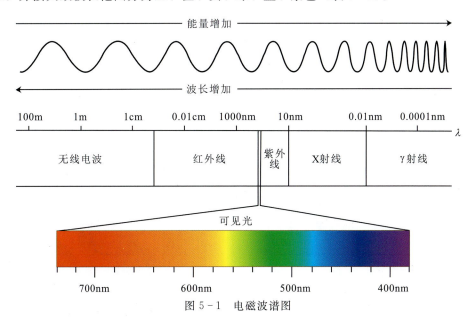

图5-1　电磁波谱图

表5-1　可见光组成颜色的大致波长范围（400～700nm）

颜色	红	橙	黄	绿	蓝	紫
波长范围/nm	700～630	630～590	590～550	550～490	490～440	440～400

能发出可见光的主要天然光源是太阳，主要人工光源是白炽状态的物体（如白炽灯、卤素灯），它们所发射的可见光谱是连续全光谱。

值得注意是，虽然太阳发出的光谱波长是连续的，但使用分光镜观察，光谱中可见许多吸收线，这是因为部分波长的太阳光穿过太阳大气的时候被太阳大气中的元素吸收所致。而白炽灯和卤素灯所发出的可见光为连续全光谱，是配合分光镜观察吸收光谱的理想光源。

二、致色元素

绝大多数宝石的颜色与其所含的金属元素有关，称为致色元素。致色元素可以是化学成分中的主要元素，也可以是微量杂质元素。

由化学成分中的主要元素致色的宝石，称为自色宝石，如铁铝榴石（$Fe_3Al_2Si_3O_{12}$），其颜色由其主要成分 Fe 所致；由微量元素致色的宝石称为他色宝石，如绿柱石（$Be_3Al_2Si_6O_{18}$），其主要成分中的化学元素均不致色，因此，绿柱石纯净时呈现无色，但当混入微量的 Cr 元素，则呈现绿色。

宝石中的致色元素主要有 Ti、V、Cr、Mn、Fe、Co、Ni、Cu 等过渡族金属元素，除此以外，某些稀土元素（如 Nd 和 Pr）以及某些放射性元素（如 U）也会使宝石呈色。过渡族金属元素由于具有未成对的外层电子，处于相对不稳定状态，当在外界能量的作用下，未成对电子会从基态跃迁到激发态，而其能级差刚好在可见光的能量范围。因此，当可见光照射宝石后，宝石中的致色元素吸收与其能级对应的部分可见光，未被吸收的可见光混合色即为宝石呈现的颜色。

三、吸收光谱

由于致色元素会对白光产生选择性吸收，因此，当白光穿过宝石，进入分光镜后，经色散元件分解，就会在可见光光谱区域观察到黑带或者黑线的组合，这种现象称为吸收光谱。根据吸收光谱特征可以判断出宝石的致色元素，并结合其他特征判断出宝石的种类。

第二节 分光镜的结构组成

可根据便携性，将分光镜分为台式分光镜（图 5-2）和手持式分光镜（图 5-3）。根据

图 5-2 台式分光镜

图 5-3 手持式分光镜

色散（分光）元件的不同，可分为棱镜式和光栅式分光镜。

一、棱镜式分光镜

三角棱镜是常用的一种色散元件，单个棱镜的分光原理如图 5-4 所示。

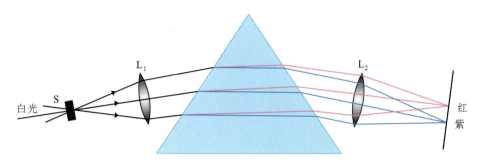

图 5-4　棱镜分光原理

S 为一狭缝，位于透镜 L_1 的第一焦平面。当白光通过狭缝 S 后，经过透镜 L_1 成为平行光束。不同波长的光经过棱镜后折射方向不同，但同一波长的光束仍保持平行。穿过棱镜的光波经透镜 L_2 汇聚于成像焦平面上，不同波长的光波汇聚点不同，形成一系列不同颜色的像，且以波长顺序排列，即形成光谱。

由图 5-4 可知，由于折射作用，入射光波与光谱成像焦平面会有一定角度的偏转，因此棱镜式分光镜通常使用棱镜组（三组合或五组合）作为色散元件，目的是使入射光的方向和光谱中心在一条线上，这样人眼才能从另一端看到完整的光谱。五组合棱镜组光路如图 5-5 所示。

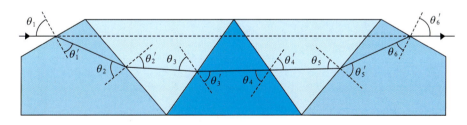

图 5-5　五组合棱镜光路（据 Hagen，2011）

棱镜式分光镜结构如图 5-6 所示，主要由进光狭缝、准直透镜、棱镜组、目镜等组成，部分分光镜还带有调焦滑管和狭缝宽度调节旋钮。

棱镜式分光镜的特点如下。

（1）不同颜色区域聚焦不在同一平面上。这是因为不同颜色的光波折射角度不同。因此，为了获得更好的观察效果，有的棱镜式分光镜设计了可前后移动的滑管，可分别对不同颜色区域进行焦距调节。

（2）光谱是非线性的，波长间距不等。红橙区相对收敛，而蓝紫区相对较宽，易于观察蓝紫区的吸收特征。

（3）透光性好，光谱明亮。除了棱镜材料对入射光部分吸收外，大部分入射光透过棱镜

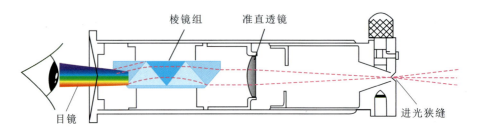

图 5-6 棱镜式分光镜结构

组进入眼睛。如果宝石透明度较好，狭缝几乎闭合即可具有明亮光谱，对于半透明的宝石材料，狭缝可稍开大一些。

对于棱镜材料的要求如下。

（1）不应吸收可见光的特定波长，否则会混淆观测结果。

（2）棱镜的色散值高低遵循光路设计，其目的是使其产生的光谱有合适的宽度。

（3）棱镜材料必须是均质体，否则会产生两个光谱，互相重叠，影响观察。

因此，棱镜组一般选用无特定吸收线的铅玻璃和无铅玻璃两种材料，相间排布制成。

二、光栅式分光镜

光栅是由许多等宽度、等距离的狭缝排列起来形成的光学元件，是一种十分精密的色散元件，当白光透过光栅后，发生衍射和干涉，形成多级光谱，一般采用亮度最大的一级光谱（图 5-7）。采用光栅代替棱镜作为色散元件，制作成的分光镜为光栅式分光镜。

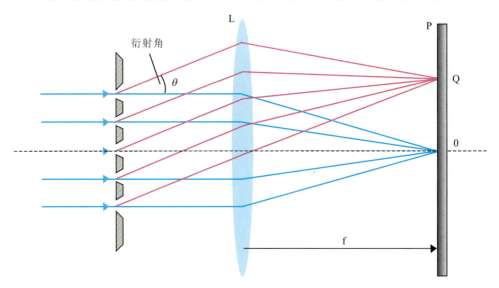

图 5-7 光的衍射原理

光栅式分光镜结构如图 5-8 所示。光栅式分光镜主要由进光狭缝、准直透镜、光栅、棱镜、目镜等组成，其中棱镜的主要作用为配合光栅调整光路，使得光谱能够直射出窗口。

光栅式分光镜的特点是能产生线性光谱，也就是波长都是等间距排列的。其中红区较

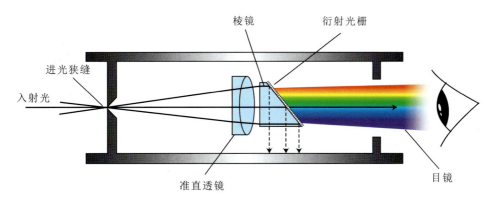

图 5-8 光栅式分光镜结构

宽，该区域吸收谱线分辨率高，因此光栅式分光镜有利于观察红区光谱的特征。缺点是透光性相对较差，需要强光照明。

第三节 分光镜的使用方法

分光镜在使用过程中，需配合正确的光源。针对不同特点的样品，采取不同的观察方法并作相应的记录。

一、光源类型

配合分光镜使用的光源要满足两个条件：光谱连续和足够的亮度。实验室内一般使用光纤灯（图 5-9）。光纤灯内部采用卤素灯光源，卤素灯发出的连续光谱光线经过较长的光纤软管传导出来，热量几乎已经散失，而光能损失较少，能较好地传输出来用于照明，因此光纤灯也称为冷光源。

不方便使用光纤灯时，也可使用高度聚光和连续光谱的手电筒作为照明光源（图 5-10），这种手电筒的灯泡为钨丝灯，不可使用 LED 及其他类型灯泡的手电筒。

图 5-9 光纤灯（冷光源）

图 5-10 连续光谱聚光手电筒

二、使用方法

1. 透射光法

适用于透明—半透明的宝石，也是使用较多的方法。

宝石放置于光源和分光镜之间，用白光强光源（连续光谱）照明，使分光镜尽量贴近宝石，对准宝石最亮的部分进行观察。观察时，尽量让透过宝石的光线进入分光镜，如图 5-11a 所示。

分光镜的使用

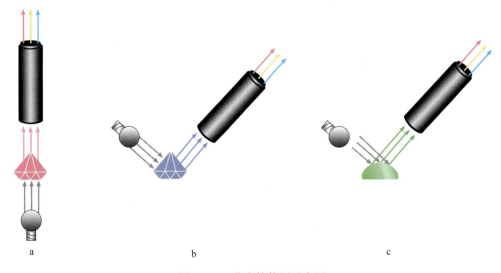

图 5-11　分光镜使用示意图

2. 内反射法

适用于颜色较浅或者颗粒较小的透明—半透明宝石。

如图 5-11b 所示，将宝石的较大平面（台面或底面）向下放置于暗色背景上，使光源从宝石的斜上方射入，光线进入宝石后经底部反射而从另一侧射出，其入射光和反射光（分光镜方向）与样品台的角度约为 45°，将分光镜对准反射光线最亮的部位观察。

3. 反射光法

适用于不透明的宝石或者透明度较差的宝石。

如图 5-11c 所示，将光源照射宝石表面，使入射光和反射光与宝石样品台的角度约呈 45°，分光镜对准反射光最亮的区域观察。

相对而言，该方法较难观察到理想的光谱。

另外，无论哪种观察方法，都要不断调整分光镜的观察角度。对于可调节焦距和狭缝的分光镜，还要调整焦距和狭缝，以获得较为理想的光谱。

三、吸收光谱记录方法

通常以文字描述和画示意图两种方式相结合来记录宝石的吸收光谱。

1. 文字描述法

描述吸收带或者吸收线所在色区、数量及吸收强度，如：红区两条强吸收线、橙黄区一条宽吸收带、蓝区两条弱吸收线。

对于有内置标尺的分光镜，可直接描述吸收线或者吸收带的具体位置，如：692nm、694nm 吸收线，580~630nm 宽吸收带。

注意描述截边吸收，如：450nm 以下全吸收。

2. 图示法

图示法是较为直观的一种光谱表示方法，使用图示法首先要明确标出分光镜类型，即棱镜式或光栅式，不同类型分光镜，其刻度标定不同。

首先画出长方形的条形框，标定出红区（以 700nm 标示）和紫区（以 400nm 标示）两端，并根据分光镜类型标示出 600nm、500nm 刻度。再根据分光镜观察到的吸收现象，结合表 5-1 将吸收线或者吸收带绘制在相应的区域。绘制时，除了要绘制出吸收带的宽度外，还要注意吸收线或者吸收带的强度，强吸收线用实线表示，弱吸收线可用虚线表示；强吸收带可完全涂黑，弱吸收带可首先标出始末端，再将该区域画斜线表示（图 5-12）。

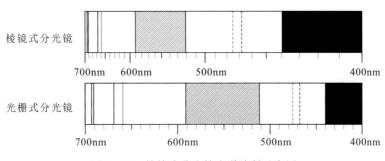

图 5-12 棱镜式分光镜光谱绘制示意图

四、注意事项

（1）务必采用连续光谱的光源（钨丝灯、卤素灯）。注意：太阳光、LED 光源、荧光灯均不是连续光谱光源，不能用于分光镜照明。

（2）应尽可能在暗环境下使用分光镜，排除其他光线的干扰，如室内日光灯照射到宝石表面的光反射进入分光镜，可导致吸收光谱有亮线。

（3）光谱的清晰程度与致色离子类型、宝石大小（厚度）、颜色深浅及透明度有关。宝石颜色越深，说明致色元素含量较高，光谱也越清晰，易于观察；宝石越大（厚），通过宝石的光程较长，吸收较为充分，光谱也越清晰。结合宝石的特点，调整观察方向，可能会获得更好的效果。

（4）除怀疑是钻石、锆石、顽火辉石、翡翠外，其他无色宝石一般无需使用分光镜。

（5）多色性明显的宝石，不同方向吸收光谱可能会有差异。因此，分光镜观察时，有时也需要变换方向。

（6）观察时尽量不要用手握着宝石，因为血液会产生 592nm 吸收线。

（7）光谱可能会受光源热辐射的影响，长时间观察会逐渐模糊甚至消失。

（8）分光镜狭缝处若有灰尘污染，会导致光谱中出现水平方向的黑线，干扰观察。

（9）拼合石中不同层的宝石材料可能不一样，导致光谱结论可能不准确，因此分光镜需配合其他鉴定仪器共同使用（如显微镜），综合判断。

第四节　分光镜的用途

一、主要用途

1. 鉴定天然宝石品种

不同品种的天然珠宝石，其致色元素种类大致稳定，吸收光谱特征也相应稳定，因此通过吸收光谱特征可以帮助鉴别宝石种类。如红宝石为 Cr^{3+} 致色，呈现 Cr 元素的吸收光谱特征；而同样呈红色的铁铝榴石为 Fe^{2+} 致色，呈现 Fe 元素的吸收光谱特征，通过吸收光谱较容易将其区分开来（图5-13）。另外要指出的是，即使是同种致色元素，在不同的宝石晶体中，该元素的外层电子受周围电场的影响，其能级也会有一定的差异，因此，同种致色元素在不同宝石中导致的吸收光谱也会有一定的差异。如祖母绿、红宝石和变石（图5-14），同为 Cr^{3+} 致色，其吸收光谱样式相似，但具体吸收位置稍有差异。

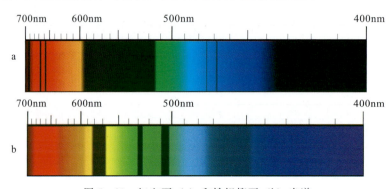

图5-13　红宝石（a）和铁铝榴石（b）光谱

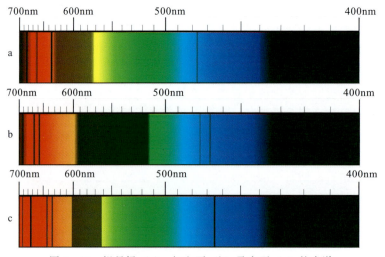

图5-14　祖母绿（a）、红宝石（b）及变石（c）的光谱

2. 鉴定部分优化处理宝石

如图 5-15 所示，天然绿色翡翠在 630nm、660nm、690nm 处有三条吸收线，而人工染绿的翡翠会出现一条约以 660nm 为中心的吸收窄带。染成绿色的石英岩玉也具有类似的吸收光谱特征。

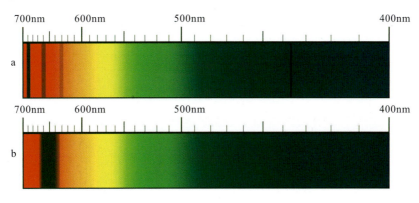

图 5-15　翡翠（a）和染绿翡翠（b）的光谱

3. 鉴定部分合成宝石品种

如天然蓝色尖晶石一般具有复杂的 Fe 谱，而合成蓝色尖晶石为 Co 谱。

二、主要致色离子及其光谱特征

1. 铬离子（Cr^{3+}）

铬离子在宝石中扮演着重要的角色，许多名贵宝石与其有关，如红宝石及粉红色蓝宝石、祖母绿、变石、绿色翡翠、红色尖晶石、翠榴石等。

铬离子主要致红色和绿色，且色彩鲜艳。铬离子吸收光谱常较为清晰，多为在深红区有两条较强的吸收线及橙红区两条弱吸收线，在黄或绿区有一条较宽的吸收带（此带的宽度、位置、强度与宝石的颜色密切相关），紫区全吸收。有些宝石品种，只具有红区的强吸收线，如绿色翡翠，仅可看到 630nm、660nm、690nm 吸收线。

铬离子致色的宝石吸收光谱见图 5-16。

2. 铁离子（Fe^{2+}、Fe^{3+}）

铁元素在矿物中分布较广，含铁元素的宝石品种也较多。铁价态及配位的不同，可以使宝石呈现红、蓝、绿、黄等不同的颜色。铁元素在宝石中常以 Fe^{2+} 和 Fe^{3+} 两种离子形式存在。

Fe^{2+} 通常有较好的致色作用，且其吸收波段变化较大，因此可使得宝石呈现红、绿、蓝等多种颜色，如铁铝榴石、橄榄石、海蓝宝石。总体来说，Fe^{2+} 的吸收光谱主要吸收带位于绿区和蓝区。

Fe^{3+} 通常致色作用不强，可导致宝石的黄色及黄绿色调，其吸收光谱主要表现为蓝紫光区有强吸收带。具 Fe^{3+} 特征光谱的宝石有黄色蓝宝石、金绿宝石、钙铁榴石等。

有些宝石中 Fe^{2+}、Fe^{3+} 同时存在，如蓝色蓝宝石，通过分光镜，仅能观察到 Fe^{3+} 所致

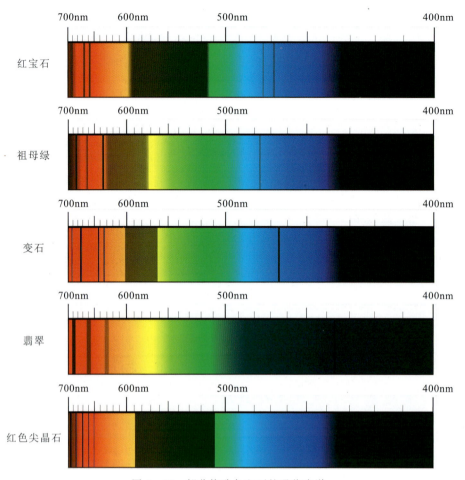

图 5-16 部分铬致色宝石的吸收光谱

的 450nm 吸收带。有些宝石品种中，铁虽然不是主要致色元素，但常常作为微量元素进入其中，也可形成较为稳定的特征光谱，如浅色的翡翠，常具 437nm 吸收线。

铁致色的宝石特征吸收光谱如图 5-17 所示。

3. 锰离子（Mn^{2+}）

锰离子主要致粉红色和橙色，由其致色的宝石相对较少，主要有锰铝榴石、蔷薇辉石、菱锰矿、红色碧玺等。

锰离子主要在紫区产生强吸收窄带并可延伸至紫外区，部分含锰宝石在蓝区有吸收窄带。锰致色的宝石特征吸收光谱见图 5-18。

4. 钴离子（Co^{2+}）

钴离子主要致蓝色和粉色，主要宝石有天然钴致色的蓝色尖晶石、蓝色合成尖晶石、钴扩散处理的尖晶石、钴玻璃、蓝色合成水晶、粉色钴方解石等。

钴的吸收光谱主要表现为：三条强的吸收带分别位于橙区、黄区和绿区，不同品种宝石中，吸收带的确切位置和宽度略有差异。

部分钴致色宝石的吸收光谱见图 5-19。

第五章 分光镜

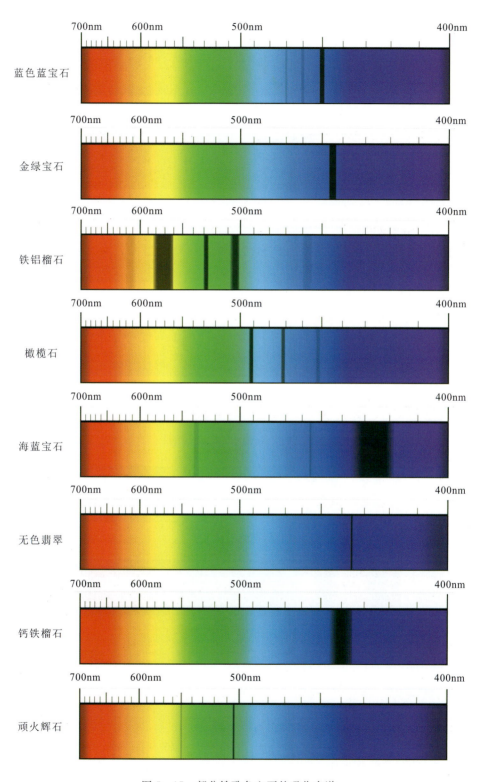

图 5-17 部分铁致色宝石的吸收光谱

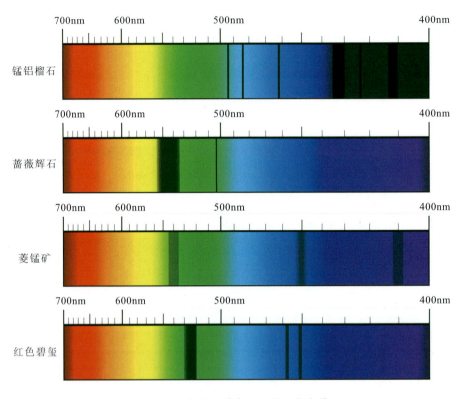

图 5-18　部分锰致色宝石的吸收光谱

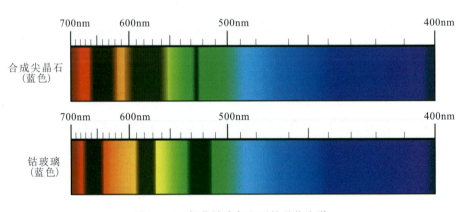

图 5-19　部分钴致色宝石的吸收光谱

5．稀土元素（Pr、Nd）

Nd 和 Pr 常共生在一起，主要形成黄色、绿色。含稀土元素的宝石有磷灰石、榍石、赛黄晶、稀土玻璃、含稀土的合成立方氧化锆等。

Nd 和 Pr 主要在橙黄色区域（580nm 附近）形成特有的强吸收细线，有时在绿区（520nm 附近）有一组吸收细线。

部分稀土致色宝石的光谱见图 5-20。

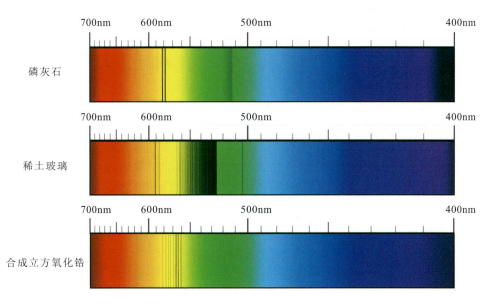

图 5-20 部分稀土致色宝石的吸收光谱

6. 铀离子（U^{4+}）

铀离子虽不能使宝石产生鲜明的颜色，但却能产生明显的吸收光谱。常见宝石中含 U^{4+} 的主要有锆石。

铀的吸收光谱主要表现为：诊断性的强吸收谱线位于中红区（653.5nm），其他各色区都可伴有若干条强度不等的吸收谱线，最多可达 40 条左右。

锆石的吸收光谱见图 5-21。

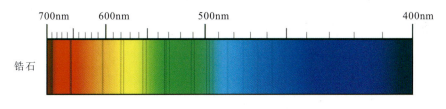

图 5-21 锆石的吸收光谱

思考题

1. 棱镜式分光镜和光栅式分光镜各有什么特点？
2. 使用分光镜时注意事项有哪些？

第六章　宝石显微镜和放大镜

在宝石鉴定与评估过程中，放大观察是必不可少且非常重要的环节。宝石放大镜和宝石显微镜可用于观察宝石样品表面和内部等肉眼无法观察到的现象，既可用于鉴定天然宝石品种，更是鉴定优化处理宝石、合成宝石及人造宝石必不可少的鉴定仪器。另外，在钻石分级领域也具有极为重要的应用，如观察净度特征，对钻石进行净度分级等。

第一节　宝石放大镜

宝石放大镜（图6-1）具有小巧便携、价格低廉、易于操作等优势，在宝石鉴定评估及商贸中应用非常普遍，熟练使用宝石放大镜是珠宝从业者必备的技能之一。使用者的知识、经验越丰富，通过放大镜所获得的信息量越大。

图6-1　10×宝石放大镜

一、放大镜的原理及结构

1. 凸透镜成像原理

放大镜为凸透镜，遵循凸透镜成像规律。凸透镜成像规律如图6-2、表6-1所示。

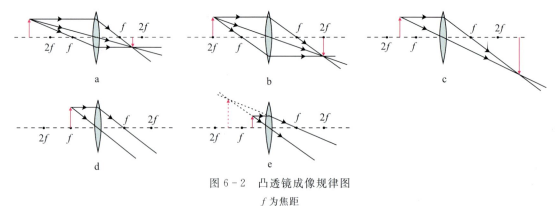

图6-2　凸透镜成像规律图

f 为焦距

表 6-1 凸透镜成像规律

物距	像距	物、像位置关系	像的性质	应用举例
$u>2f$（图 6-2a）	$f<v<2f$	异侧	倒立、缩小、实像	照相机、摄影机
$u=2f$（图 6-2b）	$v=2f$	异侧	倒立、等大、实像	测焦距
$f<u<2f$（图 6-2c）	$v>2f$	异侧	倒立、放大、实像	幻灯机、投影仪
$u=f$（图 6-2d）	不成像			获得平行光源
$u<f$（图 6-2e）	$v>f$	同侧	正立、放大、虚像	放大镜

2. 放大镜的倍数

物体在人眼视网膜上所成像的大小正比于物对眼所张开的角度（视角）。如果视角变大，那么在眼中形成的像也会越大，就能准确看到物体的每一细微之处。将物体移近眼睛，就能使人的视角加大，但人眼的调焦能力有一定的限制。如果将放大镜放在眼睛前面，同时将物体放在放大镜的外面（一倍焦距以内），就可以看到一个正立放大的虚像，此时对眼睛而言，观察的视角变大。

能长时间清晰观看而不易感到疲劳的最短观察距离称为明视距离（S_0）。正常眼睛的明视距离约为 25cm。

放大镜的放大倍数为角放大率，即物像对眼的张角（视角）与直接用眼观察物体时的视角之比。如图 6-3 所示，放大镜的放大倍数与明视距离和放大镜的焦距有关，即：

放大倍数（M_e）＝明视距离（S_0）/放大镜的焦距（f）

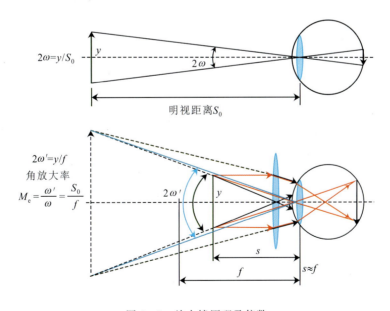

图 6-3 放大镜原理及倍数

例如，一个放大镜的焦距为 2.5cm，则其放大倍数为 10 倍，通常写作 10×。
由上式可知，宝石放大镜的放大倍数并不是越高越好，倍数越高，意味着焦距越短，越不容易操作。因此，宝石学中一般选择 10× 放大镜，焦距 2.5cm，视野较大，容易操作。更高倍数的放大镜，如 20×、30×、50×，很少用于宝石学中。

3. 宝石放大镜的结构组成

单个凸透镜虽然有放大能力，但由于曲率原因，总会存在像差（球差）及色差（图 6-4），为了解决这一问题，通常采用多组合透镜来消除像差和色差。

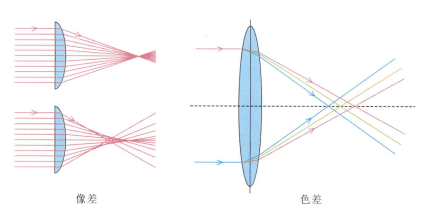

图 6-4　放大镜像差和色差示意图

宝石放大镜常用三组合透镜（图 6-5）。其结构为：由两片铅玻璃制成的凹凸透镜，与中央一片无铅玻璃制成的双凸透镜黏合而成。其特点：视域宽，有效消除了图像畸变和色散，即无像差和色差。

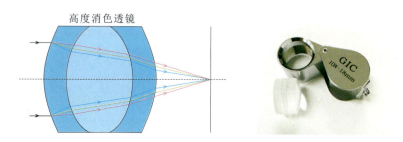

图 6-5　三组合放大镜光路及镜片

宝石放大镜可有不同的孔径，常见有 18mm、20.5mm 等，孔径大则观察视域较大，但体积自然也较大，便携性较差。

4. 放大镜质量检查

检验放大镜质量好坏，主要从以下几方面来确定。

（1）确定是否有像差。可以用放大镜观察方格纸上 1mm×1mm 的正方形格子图形，看是否变形来确定是否有像差（图 6-6）。

（2）确定是否有色差。可以观察方格纸，仔细看线条是否会有彩色边缘。

（3）镜片和镜体颜色。宝石放大镜的重要功能之一是用于钻石分级，所以要求镜片完全无色。检查时，可以把放大镜置于纯白纸上，观察镜片是否有轻微的颜色。另外，镜体最好

第六章 宝石显微镜和放大镜

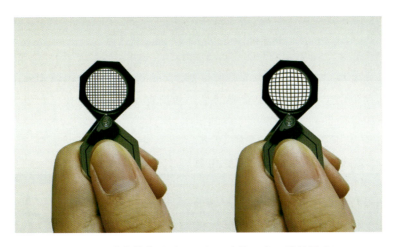

图 6-6 放大镜像差对比（左：合格，右：像差严重）

是银色或者黑色，避免镜体颜色对钻石色级评定的干扰。

（4）外观做工。优质的宝石放大镜，外观做工应较为精致。

二、使用步骤及注意事项

1. 使用步骤

宝石放大镜通常要结合镊子、擦钻布及光源来使用。

（1）首先，使用擦钻布仔细清洁宝石（清洁后勿再用手触摸宝石），将宝石台面（或底面）置于桌面上。

（2）右手拇指、食指及中指握住放大镜。

（3）左手持宝石镊子平行于宝石腰棱夹起宝石，翻转，使掌心朝向自己，将镊子置于右手中指与无名指之间，且宝石位于放大镜下方约 2.5cm 以内。

（4）移动双手至脸颊（右），使放大镜尽可能靠近眼睛，双眼睁开，靠近光源进行观察（图 6-7）。

图 6-7 放大镜使用姿势

（5）可通过镊子轻微地前后移动，聚焦不同深度去寻找目标。

2. 注意事项

（1）使用放大镜时，要求双眼同时睁开，以避免眼睛疲劳。

（2）照明光源高度不可超过眼睛高度，减少对眼睛的刺激。

（3）镜片如有松动，及时旋紧，避免镜片滑落破损。

（4）勿用手触摸镜片。

第二节 宝石显微镜

宝石显微镜是常规宝石鉴定中最重要的仪器之一，借助宝石显微镜观察宝石中的特征包裹体，不仅能帮助识别宝石品种。更重要的是，借助它可以有效地找出合成宝石、优化处理宝石及拼合宝石中诊断性的关键特征。

光学显微镜应用于各个领域，类型较多，如单筒显微镜、双筒显微镜、双筒立体变焦显微镜、卧式显微镜等。根据宝石的鉴定特点，宝石显微镜采用双筒立体变焦显微镜，该显微镜物镜口径大，工作距离大，能观察足够大的宝石，不会由于调焦不当对宝石和显微镜造成损害，且倍数连续可调，较易寻找宝石中的包裹体。宝石显微镜根据配置不同，也可以有多种样式，如根据镜体样式分为直立式、悬臂式、卧式等，部分高档宝石显微镜还有三目镜，用于包裹体照相和视频教学。下面就以实验室最常用的双筒立体变焦显微镜为例来介绍（图6-8）。

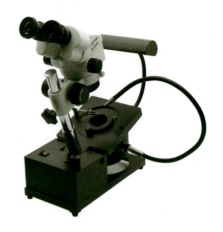

图6-8 双筒立体变焦显微镜

一、显微镜的工作原理

显微镜同样是利用凸透镜的成像原理，将人眼不能分辨的微小物体放大到人眼能分辨的尺寸。与放大镜不同的是，显微镜由两个（组）会聚透镜组成，其光路图如图6-9所示。物体位于物镜一倍焦距以外、二倍焦距内（$f<u<2f_o$），经物镜后成放大倒立的实像，而该实像正好位于目镜的物方焦距的内侧（$u<f_e$），经目镜后成放大的虚像于明视距离处。

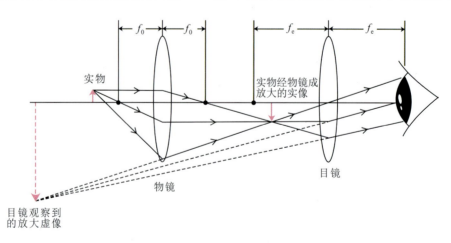

图6-9 宝石显微镜光路图

二、宝石显微镜的结构

如图 6-10 所示,宝石显微镜一般由以下几个部分组成。

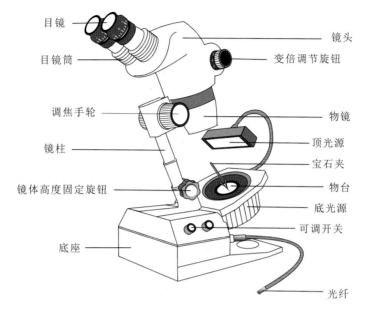

图 6-10 宝石显微镜结构图

1. 光学系统(放大系统)

显微镜光学系统是显微镜的核心部件,包括显微镜镜头、目镜及目镜筒、物镜及变焦系统(变倍调节旋钮及调焦手轮)。

(1) 目镜:共 2 个目镜,故称为"双筒",供双目同时观察三维立体图像,双筒之间的距离可调节,且至少其中 1 个目镜镜筒可微调焦距(上面有纹理)。目镜放大倍数有 10 倍、20 倍,表示为 10×、20×,实验室一般常用 10 倍(图 6-11)。

(2) 物镜:装在镜头内部的下端。其放大倍数连续可调,通常 1~4 倍(部分显微镜可达 5 倍),由变倍调节旋钮进行调节。还可另外添加物镜实现更大倍数的放大,可添加的物镜放大倍数有 1.5×、2×。显微镜的放大倍数等于目镜的放大倍数乘以物镜的放大倍数(带外接物镜的再乘以其放大倍数)。

图 6-11 显微镜 10× 目镜

若目镜为 10×,物镜旋到 4 倍刻度,同时添加了 2 倍的外接物镜,则总放大倍数为 80 倍。

(3) 变倍调节旋钮:位于镜头的上端,其上有刻度,标明物镜的放大倍数,可连续调节。

（4）调焦手轮：显微镜镜柱的两侧各有1个，用来调节物镜与宝石样品之间的距离，使视域中图像清晰，使用时需要双手同时转动调节。

2. 照明系统

照明系统包括底光源、顶光源、侧光源（光纤灯）及相应的控制开关和光量强度调节旋钮、底光源碗状反射器、锁光圈旋钮、亮域暗域切换旋钮等。

（1）底光源：位于显微镜底座内，一般为卤素灯，亮度可调节，用于对宝石进行透射照明。可通过上方的不透明挡板实现暗域照明和亮域照明方式的切换。

（2）顶光源：位于显微镜底座的前上方，为表面照明光源，一般为日光灯，其高度和方向可调节。

（3）侧光源：部分显微镜可带光纤软管，将底光源的光通过光纤传输，实现侧光照明。没有安装光纤软管的显微镜，可借助另外配置的光纤灯实现侧光照明。

（4）锁光圈：位于底光源的上方，用于控制底光源的光域，实现局部照明（点光照明）。

（5）挡板及旋钮：用于改变底光源的照明方式（暗域、亮域）。

3. 机械系统

机械系统包括支架直臂、调焦手轮、底座、镜头托架、宝石夹及各个组成部分的固定螺丝等。

（1）支架直臂（镜柱）：连接镜头与底座，与镜头托架由齿轮绞合在一起。调焦手轮安装在其上端。

（2）宝石夹：安装在显微镜物台上，用于固定宝石。它可以翻转、移动，以便从各个方向观察宝石。

三、宝石显微镜的照明方式

宝石中不同类型的内外部特征在不同的光源照明条件下显示度不同，因此了解不同的照明方式，有助于更好地发挥宝石显微镜的作用，为鉴定宝石提供更清晰的证据。宝石显微镜的光源通常有底光源和顶光源两种，部分宝石显微镜还配有光纤灯。宝石显微镜基本的照明方式有反射照明法、亮域照明法、暗域照明法，特殊现象的观察还会用到一些技巧性的照明方式，如侧向照明法、散射照明法、点光照明法、遮掩照明法等。

1. 反射照明法

反射照明法又称顶光照明法（图6-12），采用顶光源照明，在反射光条件下观察宝石的表面特征或近表面的内部特征，如凹坑、划痕、棱线及腰棱附近破损状况、翡翠及处理品的表面特征、珍珠的叠瓦状构造等；也用于观察宝石的切工状况，如棱线是否尖锐或者圆滑，面棱是否交会于一点，是否有抛光纹、烧灼痕等。

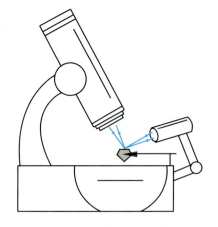

图6-12 反射照明法示意图

2. 亮域照明法

如图6-13所示，移除底光源上方挡板，使底光源的光线直接透过宝石进入物镜。该照明方式对于色带、生长纹和低突起的包裹体会有相对较好的观察效果。另外，也适用于透明度相对较差的宝石，较强的光源照明，并配合锁光圈可以获得相对较好的观察效果。

3. 暗域照明法

如图6-14所示，打开底光源，移入挡板，此时光线通过碗状反射器的反射从周围进入宝石，而宝石正下方几乎无光线射上来，这使得包裹体在暗背景下呈现更清晰的影像，暗域照明法适用于大多

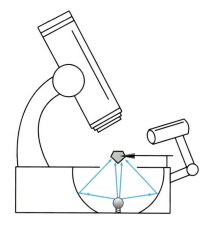

图6-13 亮域照明法示意图

数透明宝石包裹体的观察。该方法是最为常用的方法，对眼睛刺激较小，适合长时间观察。

值得注意的是，在使用顶光源观察宝石样品时，务必关闭底光源，否则影响观察效果；反之，用底光源观察时，务必关闭顶光源。

4. 侧向照明法

如图6-15所示，采用光纤灯的强穿透能力，从斜向照射宝石，使得宝石近表面的针状包裹体（如红宝石中的细小针状金红石）和气泡等特征清晰地呈现出来。另外，该方法也可用于观察多晶集合体的结构特征。

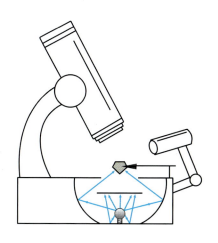

图6-14 暗域照明法示意图

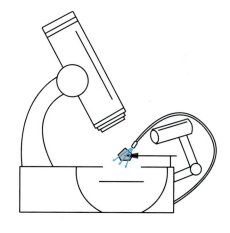

图6-15 侧向照明法示意图

5. 散射照明法

如图6-16所示，亮域照明条件下，在光源之上放置细腻的面巾纸或其他半透明材料，光线散射后更为均匀柔和，有助于观察宝石中的色域和色带及特殊的颜色分布，如观察表面扩散处理蓝宝石（图6-17），会获得较好的观察效果。

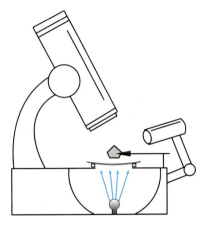

图 6-16 散射照明法示意图　　　图 6-17 表面扩散处理蓝宝石颜色沿刻面棱浓集

6. 点光照明法

如图 6-18 所示，在亮域照明条件下，缩小锁光圈，使得光线呈点状照射宝石的局部，使得该处的特征表现地更为清晰。尤其是对透明度相对较差的宝石，应用此照明方式可以获得较好的观察效果。

7. 遮掩照明法

如图 6-19 所示，亮域照明条件下，在视域中插入一个不透明的挡光板，遮住一侧的光线，能增加宝石包裹体的三维空间感，且有助于生长结构的观察，如弧形生长纹、双晶纹等。

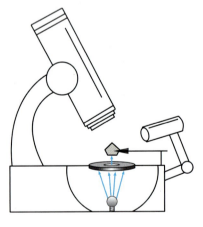
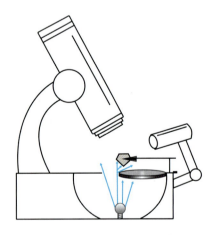

图 6-18 点光照明法示意图　　　图 6-19 遮掩法照明示意图

四、宝石显微镜的调节和使用

1. 目镜焦距的调节

许多人左右眼睛视力不一致，因此在使用显微镜前要对目镜焦距进行调节，使双眼能同时准焦，减轻视觉疲劳。双目立体显微镜在设计时充分考虑到了这一因素，至少一侧目镜可以微调焦距。下面以左侧目镜焦距可调为例，具体步骤如下。

（1）在一张白纸上点一黑点作为观察目标，放置于底光源上方。
（2）将显微镜物镜倍数置于最小处，打开显微镜底光源，采用亮域照明方式。
（3）根据双眼宽度调节两目镜间距，直到双眼视域重合。
（4）转动调焦手轮，调节焦距，使得目标清晰并置于视域中心。
（5）缓慢将物镜倍数调至最大，闭上左眼仅用右眼观察并调焦使目标清晰。
（6）固定调焦手轮，闭上右眼，转动左侧目镜调焦旋钮，仅对左眼再次准焦（切记，在此过程中不能调节调焦手轮）。

2. 宝石显微镜的使用操作

（1）务必清洗宝石，排除宝石表面灰尘、汗渍等对内外部特征观察的干扰。
（2）用宝石夹稳定地夹持宝石，并且将宝石置于显微镜底光源上方的中央。

宝石显微镜的使用

（3）根据观察目的，选择合适的照明方式。
（4）首先在低倍物镜下，通过转动调焦手轮调节焦距，从各个方位观察宝石的内外部特征。
（5）将需重点观察的内外部特征调至视域中央，根据需要，逐步增加放大倍数（需配合调节焦距，使物像清晰），仔细观察。
（6）对观察到的现象进行详细记录。
（7）使用完毕，将显微镜光源亮度调至最低，物镜调至最低点，镜体调直立，并关掉电源。

为了减少表面反射或漫反射，有时可采用浸油法帮助观察。在浸油槽内装上二碘甲烷或水等液体，放入宝石使之全部浸没，并在浸油槽下方放置一白色半透明塑料板，这样观察效果更好。

五、注意事项

宝石显微镜是较为贵重和十分精密的光学仪器，所以在使用时和使用后都要好好维护和保养，应注意以下事项。

（1）显微镜的光学部分，只能用擦镜头纸擦拭，不可乱用他物擦拭，更不能用手指触摸透镜。
（2）务必用双手同时旋转调焦手轮进行调节，动作要轻柔，避免快速大幅度旋转对齿轮造成损伤。
（3）关闭电源前应先将显微镜光源亮度调至最低，以保证下次打开时亮度调节旋钮处于最低档，以延迟灯泡寿命。
（4）使用完毕，将物镜调至最低点，镜体调直立，并关掉电源。
（5）显微镜最好保存在干燥、清洁的环境中，要注意防尘、防震，不用时应置于箱中或套上防尘罩。

第三节 放大镜和显微镜的用途

宝石放大镜和显微镜基本功能相同，主要用于对宝石内外部特征的观察，为宝石鉴定和质量评价提供依据。通过观察特征现象，鉴定宝石品种及判断宝石是否经过优化处理，且在宝石产地鉴别方面也优势明显。相比而言，宝石放大镜由于放大倍数、照明光源条件所限，对宝石内外部特征的识别能力远低于宝石显微镜。除此以外，宝石显微镜装配上特殊配件，还可实现显微照相、偏光特性观察、近似折射率测定等功能。

一、观察宝石的表面特征

表面特征主要包括划痕、裂纹，与宝石特性有关的特征（如原始晶面、解理、断口等）及与切工抛光有关的特征（如抛光纹、棱线尖锐程度等）。表面特征多用反射照明方式来进行观察。

1. 表面划痕、裂纹

表面较多随机方向的划痕，指示该宝石可能硬度不高，如玻璃或磷灰石、萤石等摩氏硬度低于5的宝石极易在表面产生划痕（图6-20）。观察裂纹则可为宝石评估提供信息。

图6-20 玻璃表面的划痕（反射照明）

2. 宝石的光泽

不同宝石品种具有不同的光泽，如钻石为金刚光泽，无色蓝宝石为强玻璃光泽等。宝石局部光泽明显不一致，可能指示该宝石经过充填处理（图6-21）；宝石的冠部、亭部光泽不同，表明其可能为拼合石。

3. 宝石特性

宝石特性有原始晶面、解理、断口特征、表面生长蚀像等。如原料表面（或成品的破损处）具多组平直纹理，或具台阶状断面者表明其解理发育，如托帕石、月光石等宝石。具贝壳状断口表明其可能为无解理的宝石或者玻璃仿制品，如水晶、石榴石等宝石。具参差状、不平坦状断口，表明其可能为多晶质集合体，如翡翠、和田玉等玉石类。伴有晶面花纹的原

图 6-21　玻璃充填红宝石表面光泽不一致（反射照明）

始晶面，表明其为天然宝石，如钻石原石表面可见三角形生长蚀像（图 6-22），有时候会保留在钻石成品的腰棱处，而仿钻则无。

图 6-22　钻石表面的三角形生长蚀像

4. 宝石切工

评判宝石切磨和抛光质量，可观察宝石各部分比率是否合适，比率和对称性是否完好，同种小刻面是否对称等大，宝石表面光洁度如何，是否留下抛光痕、烧灼痕等。同时，通过观察宝石面棱的尖锐程度也有助于鉴定宝石，宝石的刻面棱尖锐平直，表明其硬度很大。如钻石的刻面棱总是尖锐平直的，而仿钻则多为圆滑面棱。

以上宝石表面特征，通过 10× 放大镜较易观察到，使用宝石显微镜观察效果更佳。采用宝石显微镜观察时，需要使用顶光源，在反射照明条件下进行。观察时，注意调整顶光源的角度、高度。另外，观察前务必将宝石表面清洗擦拭干净（擦干净后勿用手再直接触碰宝石）。

二、观察宝石的内部特征

宝石的内部特征通常包括各种类型包裹体、生长现象（色带、双晶纹、生长纹）、后刻面棱重影等。不同的宝石品种，天然宝石及对应的合成宝石，甚至不同产地的同种宝石之间，因成因环境不同，内部的包裹体及生长现象也各不相同，因此通过内部特征可以鉴别天然宝石品种、合成宝石，甚至可对宝石进行产地溯源。宝石经优化处理后，其内部特征可能发生一定的变化，因此，内部特征也可以有效指示宝石是否经过优化处理。

1. 包裹体

包裹体包括矿物包裹体、流体包裹体（含气液两相、气液固三相包裹体）、负晶、愈合裂隙等。

1）矿物包裹体

矿物包裹体为固相包裹体，一般根据其结晶习性，常具有特定的形态，如出溶的金红石常为针状，磷灰石常为六方柱状（图6-23），云母常为片状或者假六方板状，锆石常为短柱状等。观察时以其形态、颜色光泽及透明度等特征，同时要结合宝石的其他特征共同来推测其类型。如铬铁矿为黑色、不透明的八面体形态的固体包裹体，常被包裹在橄榄石中，铬铁矿抛光后表面会呈现极强的金属光泽；黑云母常呈棕色、片状形态，常包裹在赞比亚、埃塞俄比亚、俄罗斯等片岩型祖母绿中（图6-24）。

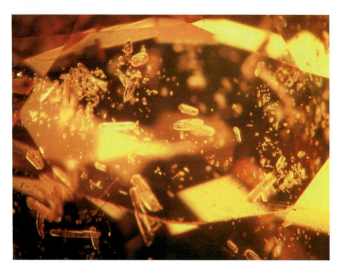

图6-23 铁钙铝榴石中的磷灰石包裹体（暗域照明）

2）流体包裹体

矿物生长过程中以及后期经地质作用改造，会产生各种生长缺陷和裂隙，周围成矿流体灌入并封闭于其中而形成流体包裹体。流体包裹体可有单液相、单气相、气液两相、气液固三相及多相包裹体等。按成因可分为同生流体包裹体和次生及假次生流体包裹体（图6-25）。

3）负晶

负晶又称空晶，是在晶体生长过程中，因晶格位错等缺陷产生的空穴被高温气液充填后又继续按原晶格方向生长，形成与宿主矿物晶体形状相似的孔洞。负晶几乎存在于所有的矿

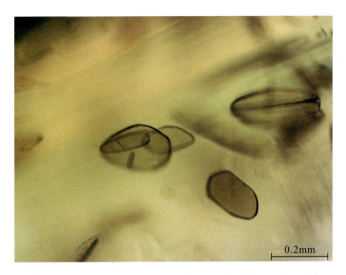

图 6-24 埃塞俄比亚祖母绿中的黑云母包裹体（暗域照明）

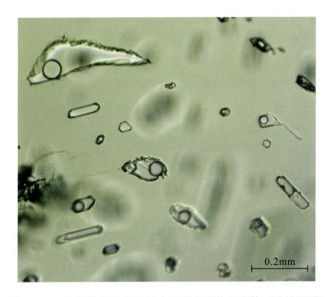

图 6-25 埃塞俄比亚祖母绿中的两相流体包裹体（暗域照明）

物中，如水晶、蓝宝石中常见大量负晶。

在显微镜下，负晶看起来立体感强，与晶体包裹体非常相似，但负晶常常会沿特定的方向呈雁行排列。另外，较大的负晶内部常可见两相或者多相包裹体（图 6-26）。

4）愈合裂隙

天然宝石晶体在生长过程中或生长结束之后都有可能产生裂隙，而在适当的条件下这些裂隙面也会重新愈合，愈合后留下的痕迹（疤痕）即为愈合裂隙。在不同宝石品种中，愈合裂隙面上的细节形态和组成会有明显的差异，可为流体包裹体（图 6-27），也可为负晶，宏观形态也不同，呈指纹状、面纱状、羽毛状等。愈合裂隙在某些宝石中会有特殊叫法，如紫晶中常见的愈合裂隙酷似斑马身上的条纹，而称为斑马纹。某些优化处理方法也会使得宝

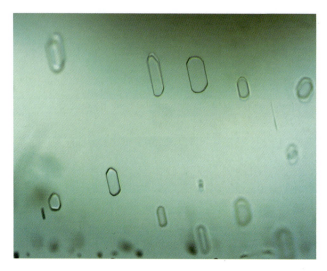

图 6-26 天蓝石中的负晶（暗域照明）

石中产生裂隙愈合，如红宝石、蓝宝石的加热、铍扩散处理等。通过观察愈合裂隙的细节形态，能帮助区分宝石是否经过热处理，与天然宝石的愈合裂隙组成不同，热处理宝石的愈合裂隙一般由次生熔融体组成（图 6-28）。

图 6-27 赛黄晶中布满流体包裹体的愈合裂隙

愈合裂隙最明显的特征是呈面状分布。在宝石显微镜下，通过转动宝石夹，观察其展布方向，并在尽可能大的放大倍数下仔细观察其细节，判断其类型。

宝石显微镜中，如观察到明确的矿物包裹体，表明其为天然宝石；如见到独立的气泡，表明其为人工宝石或者充填处理的宝石（天然玻璃和琥珀也可有单独的气泡）。还可以根据观察到的包裹体组合特点，提供宝石产地信息，如哥伦比亚祖母绿常具有气液固三相包裹体。

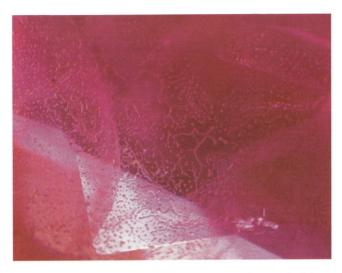

图 6-28 热处理红宝石中布满了次生熔融体的愈合裂隙

值得指出的是,在使用显微镜观察内部包裹体时,常需要不同照明方式进行交替切换来确认包裹体类型,以及与表面灰尘污染等相区别。

2. 结构特征

结构特征主要指色带、生长纹、双晶纹、解理纹等。

天然红宝石、蓝宝石中常见到平直或角状的色带(图 6-29),而见到弧形生长纹(图 6-30)表明其是合成红宝石、蓝宝石。部分天然宝石,如天然蓝宝石、红宝石有时可以观察到似百叶窗式的聚片双晶纹(图 6-31),而合成蓝宝石、红宝石均不会有双晶纹。

图 6-29 天然蓝宝石中的角状直色带

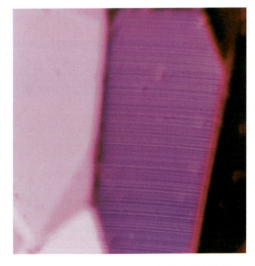

图 6-30 合成红宝石中的弧形生长纹

3. 后刻面棱重影(刻面棱重影)

10×放大镜下刻面宝石具有明显的刻面棱重影,表明其双折射率较大,如橄榄石、锆

图6-31 红宝石中的聚片双晶纹

石、橄榄石等（图6-32）。观察到刻面棱重影，可以确认宝石为非均质体宝石。

观察方法：视线通过宝石的冠部向亭部观察（最好从冠部小刻面斜向内部观察），可以看到宝石亭部的部分棱线为双线，即刻面棱重影。

宝石内部的包裹体（尤其是细小的丝线状、点状包裹体）也同样会有重影现象，并且从台面观察，越靠近亭部的包裹体重影现象越明显。

重影的明显程度于宝石材料本身来说，取决于其双折射率大小，但也与宝石的厚度及放大倍数密切相关。同种宝石，厚度越大，放大倍数越高，重影越容易观察到。同时，亭部刻面数量的多少、观察的角度、宝石刻面棱线的锐利程度也会影响其明显程度，因此，对双折射率较小的宝石，应多角度转动宝石以寻找重影最明显的方向，尽量从冠部小刻面斜向内部观察（该方向相当于增加了宝石的厚度）。

图6-32 橄榄石的刻面棱重影

注意：非均质体的刻面宝石均会有双折射，自然都会有重影现象，只是大多数宝石双折射率较小，放大镜不容易观察到，而使用宝石显微镜，在较高的放大倍数下，均可以看到重影现象。另外，在观察时应让视线穿过冠部的同一个刻面，避免观察到虚假重影现象。

三、显微照相和视频教学

显微镜下观察到的特征现象，可在目镜上架设照相机将其记录下来，用于教学或研究。部分宝石显微镜设置有专门的第三个接口，用于显微照相或者接视频采集器，便于教学演示（图6-33）。

图 6-33 三目视频显微镜

四、测定宝石的近似折射率

在显微镜镜体上装上能精确测量镜筒移动距离的标尺，就可以测定近似折射率。

宝石对光线具有折射作用，而人眼却根据经验判断光线为直线传播，此时所看到的不是宝石的实际厚度，而是显微镜下的视厚度（图 6-34）。

图 6-34 中，CO 为入射光线，OB 为折射光线，BD 为射出光线，AB 为 BD 的延长线。图中 ON 和 OB 为下底面上 O 点发出的两条光线，其中 ON 垂直于表面，与经折射后射出光线的延长线汇聚于 A 点，因此 A 为 O 点的像，所以 NA 为宝石的视厚度。根据几何学可推导出 $\angle NAB = \angle i$。

根据折射定律 $n = \dfrac{\sin i}{\sin r}$

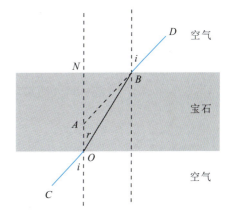

根据成像原理的傍轴条件，NB 很小，此时 i 和 r 都很小，有 $\sin i \approx \tan i$，$\sin r \approx \tan r$，则

图 6-34 视厚度成因示意图

$$n = \frac{\sin i}{\sin r} \approx \frac{\tan i}{\tan r} = \frac{NB/NA}{NB/NO} = \frac{NO}{NA}$$

即：近似折射率值（n）＝实际厚度/视厚度

在利用显微镜对其进行测试时，将宝石台面向上用蜡或橡皮泥固定在载玻片上（宝石底尖要与载玻片接触），尽量使宝石台面与载玻片平行。准焦于宝石台面，记录读数 1；再准焦于宝石底尖，记录读数 2，两读数差值即为视厚度。轻移载玻片，将宝石移出视域，准焦于载玻片，记录读数 3，读数 3 与读数 1 的差值为实际厚度。根据公式计算即可得出近似折射率。

这种方法测试折射率的精度与放大倍数有关，倍数越大，精度越高；另外与宝石的折射率有关,折射率越接近1,测试的精度越高。

五、观察宝石的多色性和干涉图

若在宝石下方放置一偏光片,可用于观察宝石的多色性。转动具有多色性的宝石时,可明显观察到颜色的交替变化。由于人眼对颜色的记忆力较差,因此快速转动宝石进行对比观察效果较好。

当宝石显微镜配上正交的上下偏光片后,即变成了一个偏光显微镜(图6-35),此时加上干涉球(锥光镜)后,就可以观察宝石的干涉图,还可以观察内部包裹体的光性特征,帮助判断包裹体类型。

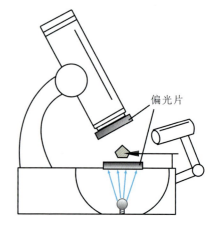

图6-35 偏光显微镜中偏光片使用示意图

思考题

1. 宝石显微镜的光学原理是什么?请画图说明其光路图。
2. 显微镜基本的照明方式有哪些,这些照明方式适合观察哪些现象?
3. 初次使用宝石显微镜,为什么要调节目镜焦距?如何调节?
4. 宝石显微镜的主要用途有哪些?

第七章　相对密度测试方法

第一节　基础知识

1. 密度

密度是物理学中的概念，指的是单位体积的质量，单位：g/cm³，如红宝石的密度为 4.00g/cm³。

密度是宝石重要的性质之一，并与宝石的化学成分和晶体结构密切相关，如原子量、离（原）子半径的大小和结构堆积的紧密程度等。每种宝石都具有独特的化学成分和晶体结构，因而具有特定的密度值，密度值是鉴定宝石品种的重要依据。

值得指出的是，同一种宝石，由于化学成分的细微变化（如类质同像替代）及包裹体、裂隙的存在，其密度值也会有一定范围的变化。

2. 相对密度

相对密度也称比重，是指物质的密度与参考物质的密度在各自规定的条件下之比，为无量纲量，用 SG 表示。由于温度为 4℃和 1 个标准大气压条件下，水的密度为 1g/cm³，因此选择该条件下的水作为参考物质时，相对密度在数值上就等于密度。因此在宝石学中所说的相对密度，指的是 4℃及 1 个标准大气压条件下，宝石材料与水的密度之比，如红宝石的相对密度为 4，钻石的相对密度为 3.52。

而在室温下，理论上水的密度略有变化，但对测定结果的影响可忽略不计，因此相对密度测试可在室温下进行。

第二节　静水称重法

一、原理

静水称重法可精确测量出宝石的相对密度。当宝石为规则形态时，其质量和体积较容易获得。但多数宝石为不规则形态，体积较难获得，想测定其密度值，需要用到阿基米德定律。

阿基米德定律：当物体浸入液体中，物体受到的浮力等于所排开液体的质量。

对于完全浸没于水中的宝石而言，宝石的体积与排开的水体积相等，由此可得：

$$相对密度 = \frac{\rho_{宝石}}{\rho_{水}} = \frac{W_{宝石}}{W_{水}} = \frac{W_{宝石}}{F_{浮}} = \frac{W_{宝石}}{W_{宝石} - W_{水中的宝石}}$$

式中：$W_{宝石}$ 为宝石的质量；$W_{水}$ 为浸入水中的宝石排开的同体积水的质量；$F_{浮}$ 为宝石在水中受到的浮力；$W_{水中的宝石}$ 为将宝石浸没水中时，称出的宝石质量。

由上式可知，只要称出宝石的质量和宝石在水中的质量，即可算出其相对密度值，加上单位（g/cm³）即为宝石的密度。

水的表面张力和附着的气泡会使在水中的测试产生误差，采用蒸馏水可减少表面张力。此外，为了减少水的表面张力影响，实验室常用四氯化碳替代水，此时计算公式为：

$$相对密度 = \frac{W_{宝石}}{W_{宝石} - W_{液体中的宝石}} \times 四氯化碳的相对密度值$$

四氯化碳在室温下的相对密度为 1.595。

二、仪器

测定宝石的质量常用电子天平、弹簧秤等衡器。不同大小的宝石，需要用不同精度的衡器，如测定较小的刻面宝石的密度，一般选用精度较高的电子天平（精度要求 0.000 1g）；测定较大的宝石原石或者玉石原料、雕件可选用精度相对较低的弹簧秤等衡器，更为方便快捷。

为了测定宝石在水中的质量，还需要一些必备的辅助配件，如烧杯支架、烧杯、铜丝兜及铜丝兜支架等。此外，还需要镊子、酒精（或者擦钻布）等，方便宝石的清洁和放置操作。

三、操作步骤

静水称重装置如图 7-1 所示，以水为例，测试过程如下。

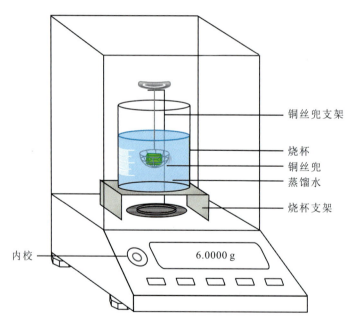

图 7-1 静水称重示意图

（1）清洁宝石样品，将天平调至零位。
（2）直接称出宝石的质量 $W_{宝石}$。
（3）将烧杯支架（阿基米德架）横跨在托盘上方，将盛水的烧杯放置于架上。

(4) 将铜丝兜支架放置于天平托盘上，挂上铜丝兜，且让其浸没入水中，调整天平至零位。
(5) 轻轻提起铜丝兜至水面，用镊子将宝石放入兜中，然后将铜丝兜放回水中。
(6) 此时天平读数即为宝石在水中的质量 $W_{水中的宝石}$。
(7) 带入公式计算，获得宝石的相对密度值，若要获得宝石的密度加上单位即可。

四、精度影响因素及注意事项

(1) 天平精度。天平精度越高，精确度越高，国标要求使用精度 0.000 1g 的天平。
(2) 宝石的大小。通常情况下，宝石越大则测定相对密度的误差越小。据统计，测量 3~4ct 的宝石，误差小于 0.10；2~3ct 者，误差小于 0.15；1.25~2ct，误差小于 0.20；0.75~1.25ct，误差小于 0.25。所以建议不采用此法测定 1ct 以下宝石的相对密度。
(3) 避免气泡的产生。铜丝兜及宝石上容易附着气泡，测试时要仔细，尽量减少气泡。往铜丝兜中放置宝石时，铜丝兜不宜提太高，露出水面方便放入宝石即可。另外，使用蒸馏水可减少气泡产生。
(4) 使用镊子放置宝石时，镊子勿与水接触，避免将水带出，影响电子天平的读数。
(5) 减少水的表面张力影响。水的表面张力会影响宝石在水中的质量，加入一小滴清洁剂可减少水的表面张力。此外，还可用四氯化碳代替水来测定相对密度，也能减少表面张力的影响。
(6) 电子天平使用前应校准并调至零位。
(7) 电子天平要保持水平和相对静止的环境，测试时关上防风门，避免气流的干扰。
(8) 铜丝兜和铜丝兜支架质量不宜过大（最好远低于电子天平的量程）。
(9) 多孔宝石不宜采用此方法测定相对密度。因为孔洞中有不易排出的空气，会加大宝石的体积，所以导致测试结果偏小。
(10) 测试时，烧杯支架不能与天平托盘接触，铜丝兜支架不能与烧杯支架及烧杯接触，铜丝兜不能与烧杯壁及烧杯底接触。

静水称重法测定宝石的相对密度有一个很大的局限，那就是测试所需时间太长，即使有经验者也需几分钟方能完成。此外，许多宝石的相对密度本身就有一个变化范围，在宝石鉴定中常常只需测试宝石相对密度的大致范围即可，因此实验室常采用重液法。

第三节 重液法

宝石鉴定中常利用宝石在重液中的运动状态来估测宝石的相对密度范围，这种测定方法快速简单。

一、基本概念

1. 重液

重液是已知相对密度的油质液体，利用其相对密度来测定宝石的相对密度值时常称为重液；利用其折射率值观察宝石时，常称为浸液。
理想的重液要求相对密度较大、挥发性尽可能小、无色且透明度好、化学性质稳定、黏度适宜,尽可能无毒无味,因此宝石学中常用的重液种类并不多。表7-1列出了常用的重液。

表7-1 常用重液

名称	分子式	RI	相对密度
甲苯	C_7H_8	1.49	0.87
溴化萘	$C_{10}H_7Br$	1.66	1.48
三溴甲烷	$CHBr_3$	1.59	2.89
二碘甲烷	CH_2I_2	1.74	3.32
克列里奇液	甲酸铊+丙二酸铊+少量水	1.69	4.20

为了将待测宝石的相对密度限定在更小的范围,常常需要配制出一些中间密度的混合重液,方便检测中使用。配制时还需要考虑:

(1) 低密度值重液和高密度值重液要能无限混溶,且不产生中间物质。

(2) 两种纯重液的挥发性应尽可能接近,避免配好的重液其相对密度值会随时间变化。

实验室常用的四种重液见表7-2。

表7-2 实验室常用的四种重液

名称	相对密度	标定样品
三溴甲烷(甲苯稀释)	2.65	水晶
三溴甲烷	2.89	
二碘甲烷(三溴甲烷稀释)	3.05	碧玺
二碘甲烷	3.32	

除以上四种常用重液外,各个实验室可根据常检测宝石类型,配制出其他相对密度值的重液方便使用。如用三溴甲烷和二碘甲烷配置出相对密度3.18的重液,检测如红柱石、萤石、磷灰石等宝石;克列里奇液可与水混合配置成相对密度4.00的重液,检测红宝石、蓝宝石,但克列里奇液毒性较大,现在很少使用;饱和盐水的相对密度为1.08,可检测琥珀。

通常将配好的重液采用相对密度相同的标定样品进行标定或指示。例如,相对密度2.65的重液常用纯净的水晶作为标定样品,相对密度3.05的重液使用纯净的粉红色碧玺作为标定样品。

2. 重液法

重液法是将宝石样品放入一套相对密度不同的重液中,通过观察宝石的沉浮情况而确定宝石密度范围的一种方法。

如图7-2所示,重液法测试的原理与静水称重法相同,也是基于阿基米德定律。当宝石的密度大于液体密度时,宝石下沉;当宝石密度小于液体的密度时,宝石上浮;当两者密度相等时,宝石会悬浮于重液中。根据宝石在已知密度的重液中的运动状态(下沉、悬浮或

第七章 相对密度测试方法

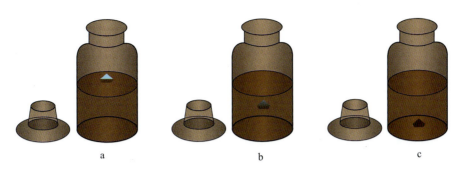

图 7-2　重液法示意图

a：$\rho_{宝石} < \rho_{液}$；b：$\rho_{宝石} = \rho_{液}$；c：$\rho_{宝石} > \rho_{液}$

上浮）和速度，即可判断出宝石的密度范围。

二、测试方法

（1）首先将重液瓶按照相对密度从小到大的顺序依次排列（图 7-3）。

图 7-3　重液正确摆放示意图

（2）清洁待测宝石样品，并擦干。

（3）用镊子夹住宝石样品并浸入重液中部，轻轻松开镊子。

（4）观察宝石样品的运动状态，进行判断。除了可根据宝石样品下沉、悬浮、上浮三种状态判断相对密度大小之外，还要注意宝石样品运动的速度。如果上浮或下沉的速度缓慢，则表示宝石样品与重液两者相对密度值相差不大；若上浮或下沉速度快，则表明宝石样品与重液两者相对密度值相差较大。

（5）取出宝石，并清洗擦干。

（6）根据上次测试结果，选择相应的重液继续测试，直到测试出宝石样品的相对密度范围。

三、注意事项

（1）每次测试只打开一个重液瓶，将瓶盖朝上放置，以防污染；宝石放入重液前、拿出后都应清洗。

（2）放入宝石时应小心，切勿溅出重液。

（3）多孔宝石、有机宝石、拼合宝石最好不用重液法测试其相对密度。

（4）因包裹体、杂质、不规则结构等原因，同一种宝石的相对密度会有所变化。

(5) 宝石的 RI 与重液的 RI 接近时，宝石在重液中轮廓不清晰，难以观察其运动状态。

(6) 室内应通风，使用重液后要洗手。

(7) 重液应避光保存。

思考题

1. 简述重液法测定宝石相对密度的基本原理。
2. 总结对比重液法和静水称重法的各自的优缺点。
3. 静水称重法测定宝石的相对密度应注意哪些方面？
4. 重液法测定宝石的相对密度有哪些限制？
5. 重液法测定宝石相对密度时，放置宝石时为什么眼睛视线要与宝石平齐？

第八章 其他辅助鉴定仪器

第一节 紫外灯

紫外灯也可称为紫外荧光灯（图8-1），是用来测试宝石是否具有荧光和磷光的仪器，是宝石鉴定中的一种辅助手段。虽然在多数情况下，紫外荧光不能作为宝石的主要鉴定证据，但某些宝石品种荧光性质稳定，且荧光检测又极为方便快捷，因此也可用于快速筛查宝石。

图8-1 紫外灯

一、相关概念

1. 紫外线

紫外线是波长在10～400nm之间的电磁波，位于可见光和X射线之间，波长比可见光短，不能为人眼所观察到。实际应用的大多数是200～400nm之间的紫外线，为方便起见又把这一部分紫外线划分成三部分：短波，200～280nm；中波，280～315nm；长波，315～400nm。在宝石学中，常用长波365nm和短波253.7nm的紫外灯管制作成紫外灯用于宝石鉴定。

2. 荧光及其产生原因

荧光也称"萤光"，是指某些宝石在受到高能射线（如紫外线、X射线）照射时，会发出可见光的性质，宝石学中一般是指宝石在受到紫外线照射时的发光现象。

荧光是一种光致发光的冷发光现象。当某种常温物质经某种波长的入射光（通常是紫外线或X射线）照射，吸收光能后进入激发态，随后立即退激发并发出比入射光的波长长的出射光（通常波长在可见光波段，即可见光）。很多荧光物质一旦入射光停止照射，发光现象也随之立即消失。

3. 磷光

有一些物质在入射光撤去后仍能持续发光一段时间，这种现象称为磷光。

荧光和磷光统称为发光性。

二、结构组成

紫外灯是一种利用紫外线作为激发源，观察宝石发光性的仪器。紫外灯结构比较简单，主要由紫外光源、暗室、观察窗口及开关按钮组成（图8-2）。

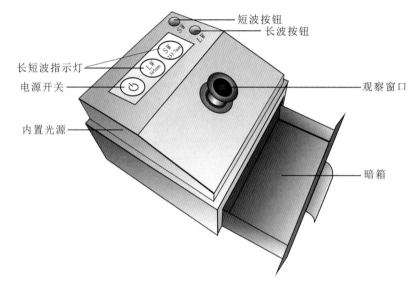

图8-2 紫外灯结构组成

其中紫外光源为发出特定波长的紫外灯管组成（长波365nm和短波253.7nm）；暗室一般为金属材质，其表面涂上黑色不发光物质；观察窗口用于观察荧光，有的观察窗口带有放大功能，有的还带有眼睛防护镜，以防止紫外线对眼睛的损伤。

三、使用方法

紫外灯检测宝石要遵循以下步骤。

（1）将待测宝石擦拭干净。

（2）将待测宝石置于紫外灯暗箱中适当位置，关上门（或抽屉）。

（3）打开光源，分别选择长波（LW）或短波（SW），观察宝石的发光性（颜色、强度、部位），必要时转动样品多方位观察。

（4）分别记录荧光颜色和强度。荧光的强度常分为无（惰性）、弱、中、强四个等级。弱荧光下的颜色较难分辨，可不用描述。

（5）若关掉电源，样品仍继续发光，记录其磷光性。

紫外灯的使用

四、注意事项

（1）电源打开时，不要将手伸入暗箱。切记不要直视紫外线，以免伤害眼睛。

（2）有时由于宝石刻面对紫外光的反射，会造成宝石发出紫色荧光的假象。此时只需将宝石放置方位稍加改变即可，并且荧光是宝石整体发光，而反射紫外光为局部。

（3）注意荧光的颜色和发出部位，如果为不均匀发光，应仔细查找原因。如局部含有方解石的玉石易发不均匀白色荧光，某些用环氧树脂等有机材料修补的宝石也会在局部发白色荧光。

（4）同种类宝石的不同样品荧光可能有差异。

（5）观察荧光时，应让眼睛在黑暗中适应一会儿，有助于弱荧光的观察。

（6）不同厂家的紫外灯光源强度会有差异，因此荧光强度分级仅做参考。

（7）荧光检测为辅助性检测，一般不作为决定性依据。

五、紫外灯在宝石鉴定中的应用

1. 可以帮助鉴定宝石品种

如红色系列宝石中，红宝石和尖晶石均发不同强度的红色荧光，而红色石榴石、碧玺均不发荧光。蓝色蓝宝石和蓝锥矿颜色相近，蓝宝石一般不发荧光，而蓝锥矿在短波下发强的蓝色荧光，据此可以提供重要鉴定依据。

2. 帮助鉴别钻石及仿制品

天然钻石可无荧光，也可发不同强度的荧光，且荧光颜色一般为蓝色调，偶见黄色、绿色等。而群镶钻石首饰中镶嵌了数十粒钻石，如果均不发荧光或发一致的荧光，则警示该件首饰是天然钻石饰品的可能性不大，应寻找其他证据去仔细判断。

3. 帮助判别某些天然宝石与合成宝石

合成宝石虽然与对应的天然宝石具有相同的主要成分和晶体结构，但由于其生长条件和原料配比与天然稍有不同，其荧光性也可能与天然宝石存在差异。如焰熔法合成蓝宝石常发浅蓝白色荧光，而天然蓝色蓝宝石一般无荧光。合成红宝石常发强红色荧光，而天然红宝石荧光可强可弱。

4. 帮助判别宝石是否经过优化处理

宝石的优化处理可能会带来微观结构的变化，甚至直接带入外来物质，导致其荧光性的变化。如天然翡翠一般不发荧光，但经漂白充填处理后的翡翠（俗称"B货翡翠"），由于处理过程中带入了易产生荧光的环氧树脂，导致其常发白色或者蓝白色调的荧光。充填处理的祖母绿、海蓝宝石等单晶宝石也有类似的特征，在其裂隙中常可见不均匀的充填物的白色荧光。

5. 帮助判别宝石的产地

不同产地的同类宝石，由于其成因环境不同，所含微量元素会有差异，也会导致荧光的差异。如斯里兰卡黄色蓝宝石长波下常发杏黄色荧光，而澳大利亚等地玄武岩型黄色蓝宝石一般不发荧光。缅甸红宝石在长波下均发较强的红色荧光，而非洲莫桑比克、马达加斯加所产红宝石通常荧光较弱。

第二节　查尔斯滤色镜

查尔斯滤色镜是宝石鉴定中常用的一个便携式仪器，又称为"祖母绿滤色镜"（图8-3）。这种滤色镜由英国宝石实验室的安德森和佩恩研制，最先在查尔斯工业学校使用，因而被称为"查尔斯滤色镜"。查尔斯滤色镜最初的设计目的是用来快速区分祖母绿及其仿制品，后来也用于其他宝石的检测。

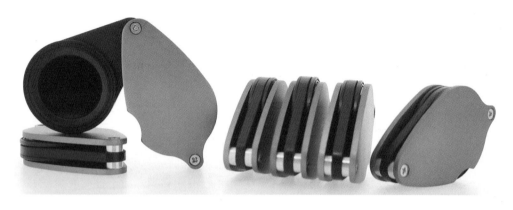

图8-3　查尔斯滤色镜

一、结构及原理

查尔斯滤色镜由选择性吸收很强的滤色片组成，这些滤色片仅仅允许深红光（690nm）和黄绿光（约570nm）通过，剩余的可见光全部被吸收。

不同品种宝石的颜色尽管可以非常相似，但选择性吸收的色光位置不同，因而在滤色镜下呈现的颜色不一样，利用宝石在滤色镜下的颜色变化可以区分宝石。

二、使用方法

查尔斯滤色镜使用方法如图8-4所示。
（1）使用强白色光源（光纤灯或手电）照射样品表面。
（2）滤色镜紧靠眼睛，距离样品30cm左右处观察。

查尔斯滤色镜的使用

三、用途（主要对绿色、蓝色宝石有用）

（1）区分某些天然宝石（主要是绿色和蓝色的宝石）。如：翠榴石、铬钒钙铝榴石（沙弗莱）、碧玺（Cr）、独山玉、东陵石、青金石等镜下变红。
（2）区分某些人工处理宝石。如：部分染色翡翠、染色石英岩会变红。
（3）区分某些人工宝石。如：合成蓝色尖晶石（Co）、蓝玻璃（Co）、绿色人造钇铝榴石等变红。

第八章 其他辅助鉴定仪器

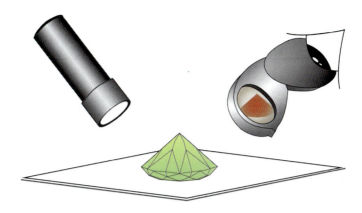

图 8-4 查尔斯滤色镜观察方法示意图

四、注意事项

（1）使用不同光源，观察结果略有不同。
（2）并不能完全区分祖母绿及其相似品。
（3）仅作为鉴定的补充测试，不作为主要依据。
（4）滤色镜下变红是一种警示。

五、查尔斯滤色镜下有明显颜色改变的宝石

1. 绿色宝石（表 8-1）

表 8-1 部分绿色宝石在查尔斯滤色镜下的颜色

宝石名称	颜色	查尔斯滤色镜下颜色	宝石名称	颜色	查尔斯滤色镜下颜色
变石	绿、蓝绿	红	合成变石	绿蓝	红
碧玺（Cr）	翠绿	红	合成变色蓝宝石	绿蓝	红
铬钒钙铝榴石	翠绿	红	玉髓（Cr）	绿	红
翠榴石	翠绿	红	独山玉	绿	红
祖母绿	绿	红、粉红、黄绿	东陵石	绿	红
合成祖母绿	绿	红	人造钇铝榴石	绿	红
水钙铝榴石（商业名称青海翠）	绿	红			

2. 蓝色宝石（表 8-2）

表 8-2 部分蓝色宝石在查尔斯滤色镜下的颜色

宝石名称	颜色	查尔斯滤色镜下颜色	宝石名称	颜色	查尔斯滤色镜下颜色
尖晶石（Co）	蓝色	红色	方钠石	蓝色	暗褐红
合成尖晶石（Co）	蓝色	亮红	玻璃（Co）	蓝色	红色
青金石	蓝色	暗红			

第三节 硬度笔

摩氏硬度是一种利用矿物的相对刻划硬度来划分矿物硬度的标准,由德国矿物学家腓特烈·摩斯于1822年提出。摩氏硬度是一种相对标准,与绝对硬度并无线性关系。

一、仪器组成

摩氏硬度标准选择十种常见矿物,其硬度由小至大分为十级,即:滑石(1)、石膏(2)、方解石(3)、萤石(4)、磷灰石(5)、正长石(6)、石英(7)、黄玉(8)、刚玉(9)、金刚石(10)。宝石学中常用5~9级硬度笔。

制作时,将标准硬度矿物切割成带有棱角的形状,用强力胶粘在金属杆的前端,并在金属杆上标明硬度级别(图8-5)。

图8-5 摩氏硬度笔

二、使用方法

使用选定级别硬度笔的尖端去刻划未知硬度的宝石,如果未知宝石表面出现划痕,则说明其硬度小于该硬度笔;若硬度笔刻划后,宝石完好无损,则其硬度大于该硬度笔。如此依次试验,即可得出该未知宝石的摩氏硬度。

三、注意事项

(1)硬度测试为有损测试,必须谨慎使用。对于成品宝石,尽量不用硬度笔。

(2)万不得已使用时,应遵循依硬度级别从小到大的顺序使用硬度笔,避免在样品上留下过多划痕。

(3)应尽量选择在样品不起眼部位进行刻划,且不可用力过猛。

(4)硬度笔尖端棱角被磨圆时,应更换硬度笔尖。

思考题

1. 归纳出在长波紫外灯下发红色荧光的宝石有哪些。
2. 查尔斯滤色镜的基本原理是什么?
3. 分别举例说明哪些蓝色、绿色的宝石在查尔斯滤色镜下有明显的颜色变化。
4. 请指出摩氏硬度笔的使用原则。

第九章 钻石检测仪器

钻石因其独特性质且有相对独立的商贸体系,所以有些检测仪器是专为钻石检测而研发的。

第一节 热导仪

一、基本原理

热导仪是根据钻石具有良好的热导性而设计的,用于区分钻石及其相似品的仪器,仪器外观如图 9-1 所示。

图 9-1 热导仪外观

宝石的热导性是指物体能传导热量的性质。组成物质的分子、原子、离子或自由电子相互撞击,使热量由温度较高的部分传递到温度较低的部分。

物质对热的传导能力用导热系数(又称热导率)表示。导热系数指的是单位时间内在单位温度梯度下沿热流方向通过材料单位面积传递的热量,单位为瓦每米开尔文[W/(m·K)]。如当在 25℃、1 个标准大气压时,铜的热导率为 401W/(m·K),银的热导率为 429W/(m·K),黄金的热导率是 310W/(m·K),铂金的热导率只有 70W/(m·K),而钻石的热导率则为 1000W/(m·K)。

可见,钻石具极好的热导性,而绝大多数宝石不具备热导性或热导率极低,所以热导仪可以区别钻石与其仿制品,是鉴别钻石与其仿制品的专用仪器。

二、结构

典型的钻石热导仪由探针、电源、指示灯和读数表组成,其中读数表可由蜂鸣器代替。探针及其连接电路组成热电偶,为热导仪的核心部件。热导仪结构如图 9-2 所示。

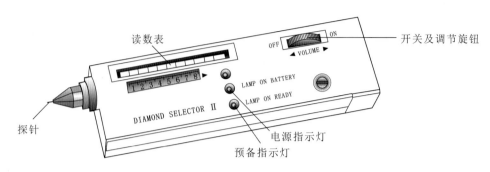

图 9-2 热导仪结构图

如图 9-3 所示,开关打开后,电阻丝为探头加热,使其处于较高温度。当热探头触及钻石表面,由于钻石热导性极高,探头热量快速传入钻石中,使得探头端温度急剧下降。此时,与探针另一端形成温度梯度,产生电流,相应的指示灯会亮起,同时,蜂鸣器也会发出响声。

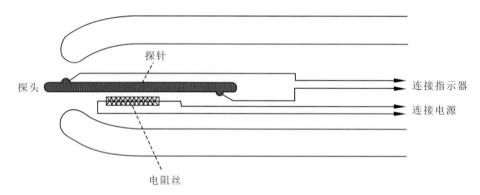

图 9-3 热导仪原理图

三、用途及使用方法

热导仪的用途为区分钻石及其仿制品。热导仪的使用方法如下:
(1) 打开仪器开关,预热约 20s,直到预备指示灯亮起。
(2) 调节指示旋钮,使信号灯处于适当位置(一般调整至部分橙色指示灯亮起)。
(3) 手握探测器,垂直对准测试样品,并施加一定压力。
(4) 根据发出的信号(红色指示灯亮起且有嘀嘀声),确定是否有钻石。

四、注意事项

(1) 清洁探头和样品,并使样品保持干燥。
(2) 电力不足应及时更换电池,长期不用应将电池取出。
(3) 测试时探针务必与宝石测试表面垂直。
(4) 样品过小、样品净度太差,均可能会影响测试结果。
(5) 热导仪探头较为精细,操作时务必谨慎,勿用力过猛或过大,损伤探头。

第二节 反射仪

钻石及其仿制品的折射率均较高，大多超过传统折射仪的测试范围，因此可用反射仪进行测试。

一、基本原理

1. 反射率

反射率为宝石矿物对垂直照射于其抛光表面上的光线的反射能力，通常以百分数表示，即：

$$反射率＝反射光线强度/入射光线强度。$$

2. 反射率与折射率关系

19世纪法国物理学家菲涅尔推导出了折射率与反射率相互关系的理论公式。

$$反射率＝(RI_1-RI_2)^2/(RI_1+RI_2)^2$$

式中：RI_1为样品的折射率，RI_2为周围介质的折射率，空气的折射率为1。表9-1为部分宝石的折射率及对应的反射率。

表9-1 部分宝石的折射率（RI）与反射率（R）

宝石名称	RI	R/%	宝石名称	RI	R/%
普通玻璃	1.40～1.60	2.53～2.78	人造钆镓榴石	2.03	11.55
托帕石	1.61～1.64	4.46～5.88	合成立方氧化锆	2.15	13.33
尖晶石	1.71～1.73	6.86～7.15	人造钛酸锶	2.41	17.09
刚玉	1.76～1.77	7.58～7.73	钻石	2.417	17.23
人造钇铝榴石	1.834	8.66	合成金红石	2.60～2.90	19.75～23.73
锆石	1.92～1.99	9.93～10.96	合成碳硅石	2.65～2.69	20.29～20.97

因此，只要能测量到宝石的反射率，通过公式可以算出折射率。在宝石学中折射率应用更为广泛，因此反射仪常常通过内部计算，直接显示出折射率值。具备液晶显示功能的反射仪，市场上也称为数字折射仪。

二、结构和工作原理

反射仪上部设计有一个圆形测试孔、电源开关及测试按键（图9-4）。其内部主要由发光二极管和光电接收器组成。

仪器内部结构如图9-5所示。工作时，二极管发出红外光，以7°～10°的入射角照射到宝石刻面上，经宝石表面反射后射入光电接收器。光电接收器根据接收的光信号强度产生相

宝石鉴定仪器教程

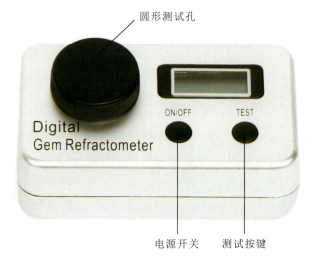

图 9-4 反射仪（数字折射仪）

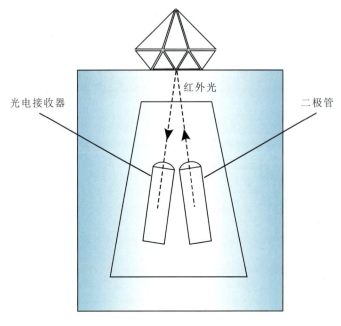

图 9-5 反射仪原理图

应强度的电流，电流则带动指针偏转指向相应的折射率位置，或者以数字形式显示在液晶显示屏上。

三、使用方法

反射仪测试时，无需折射油。

测试时，首先清洗并擦干宝石，再将宝石的良好抛光刻面平放在仪器的出光口上，罩上黑色盖子。其次，按测量按钮，显示屏上即显示相应折射率值。

四、注意事项

（1）因其精度较传统折射仪低，因此，折射率小于 1.79 的宝石尽量选用传统折射仪。
（2）测试样品必须良好抛光，且测试时必须完全盖住测试孔。
（3）每个样品应多个方向测试，测试结果一致才可确定样品折射率值。
（4）样品内部反射的光可能对测试结果造成影响。
（5）反射仪无法测定双折射率值。

第三节 钻石确认仪

钻石确认仪（DiamondSure）是 De Beers 研制并推广的一种快速筛选天然钻石的仪器，可以检测质量在 0.10～10ct 范围内的无色—黄色（Cape 系列）抛光钻石。

一、基本原理

钻石是碳（C）的单晶体，但钻石晶体通常含有一些微量元素，最常见的就是氮（N）。根据晶体结构中有无显著数量的氮存在，可把钻石分为两种类型：Ⅰ型和Ⅱ型。Ⅰ型钻石为含氮的钻石，Ⅱ型为几乎不含氮的钻石。

一般认为，当富含杂质氮的钻石形成时，氮是以孤立氮原子的形式分散在晶体结构中，即Ⅰb型。但由于温度和压力等地质条件的长期作用，这些氮原子在晶体结构中运移，形成了原子对或氮原子的集合体（如 N_3），即Ⅰa型。因此天然钻石绝大多数为Ⅰa型钻石，占比高达98%，极少数为Ⅰb型钻石；而合成钻石为Ⅰb型和Ⅱ型钻石，以Ⅰb型钻石为主。

Ⅰa型钻石，呈现无色至不同浓度的黄色，在紫外-可见光谱中具有 415.5nm 吸收线，而Ⅰb型钻石和Ⅱ型不具有 415.5nm 吸收线。

钻石确认仪主要检测钻石是否具有 415.5nm 吸收线，如果检测到 415.5nm 吸收线，证明该钻石为Ⅰa型，确认为天然钻石；如果不能检测到 415.5nm 吸收线，则可能是Ⅰb型、Ⅱ型天然钻石或合成钻石及钻石仿制品，需要进一步检测。

二、仪器操作方法及判断

钻石确认仪既可用来检测未镶嵌的钻石，也可检测简单镶嵌过的钻石。钻石确认仪外观如图 9-6 所示。

钻石确认仪操作简单，将抛光的待测样品台面朝下放在光纤点中心位置、按"检测"键，这时仪器将检测并分析样品的可见光吸收光谱，几秒钟后显示屏上将出现测试结果。如果样品处于好的检测状态，并且操作准确，会有以下几种结果之一出现在液晶显示屏上。

（1）显示"通过"，说明样品为天然钻石，无需做进一步检测。
（2）显示"通过，请作热导仪检测"的样品，如果在热导仪检测时显示为"钻石"，则该样品为天然钻石。合成立方氧化锆在钻石确认仪上也显示这样的结果，但热导仪检测显示不会为钻石。
（3）显示"建议作进一步检测"，如合成钻石将会显示这一结果或者是以下两种结果之一。许多钻石仿制品也会显示这一结果，偶尔在检测天然钻石时也会出现这种信息，尤其是

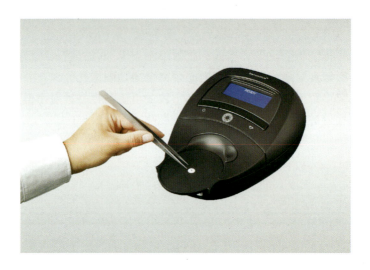

图 9-6　钻石确认仪

彩色钻石，但是通过常规宝石鉴定就可以确认。

（4）显示"请进一步检测（Ⅰb型成分）"：Ⅰb型成分是黄色合成钻石的特点。在极少数情况下，天然钻石也可能显示此特性。大部黄色合成钻石经检测都会显示此结果。

（5）显示"请进一步检测（Ⅱ型）"：所有无色的天然Ⅱ型钻石、合成Ⅱ型钻石以及其制品都会显示如此结果。偶尔也会有Ⅰ型钻石检测后显示此信息。如果需要进一步鉴定类别，那么该仪器的检测结果还需要通过红外吸收光谱分析确认。

（6）显示"请进一步测试（碳硅石检测）"：碳硅石一般都能被钻石确认仪辨识，大部分都会显示本条信息。进行一些简单的宝石鉴定测试就可区别碳硅石和钻石。

实验数据表明，天然钻石中大约只有1％的天然钻石在钻石确认仪检测时，会被要求"建议作进一步检测"，其中包括了稀少的Ⅱ型钻石和极少部分Ⅰb型钻石，这种检测结果并不能肯定它们就是合成钻石或钻石仿制品，还需要进一步采用常规的宝石学方法对其进行鉴定。

总之，钻石确认仪是一种天然钻石快速分辨仪器，易于操作，能将所有的合成钻石及钻石仿制品筛选出去。DTC对60万粒天然钻石样品进行过测试，98％的天然钻石样品"通过"钻石确认仪检测，不需要其他检测；仅不到2％的样品需要做其他的检测，以判断其是否为天然钻石。

三、注意事项

（1）钻石确认仪并不能百分百检测所有钻石，主要用于快速筛选出天然钻石。
（2）对于不能确定的样品，需要结合其他实验手段检测。
（3）不能识别出经人工处理的天然钻石，如裂隙充填、激光打孔等处理钻石。
（4）不适用于其他宝石及钻石仿制品的鉴别分类。

第四节 钻石观测仪

钻石观测仪（DiamondView）由 De Beers 研制，是钻石确认仪（DiamondSure）的绝好补充，可对被钻石确认仪"建议作进一步检测"的样品做准确鉴定，可用于 0.05～10ct 钻石的观测。

一、基本原理

钻石及合成钻石在短波紫外光照射下，会有不同的荧光分区，形成各自特征的荧光分区图像。比如，天然钻石的荧光图案显示周期性的生长结构分区（图 9-7），而 HTHP 合成钻石则常见典型的对称几何分区线（图 9-8，图 9-9），CVD 合成钻石则呈现无序的线状荧光图案（图 9-10）。

图 9-7　天然钻石的周期性生长环带

图 9-8　HTHP 合成钻石的对称生长区

图 9-9　HTHP 合成钻石显示块状的生长分区

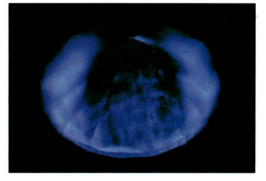

图 9-10　CVD 合成钻石显示无序的线状荧光图案

通过对被检样品在显示屏上显现出来的荧光和磷光图谱的观察，并与电脑中存储的大量已知图谱进行对比，来辨别被检钻石是天然钻石，还是合成钻石。

二、仪器组成及使用方法

钻石观测仪外观如图 9-11 所示，仪器由电脑及显示屏、荧光观察镜、样品仓等部件共同组成。

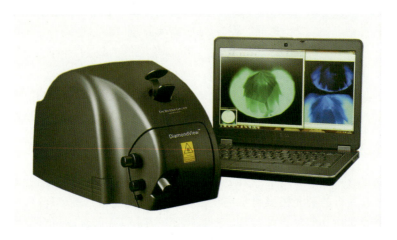

图 9-11 钻石观测仪

使用时将已抛光的钻石样品置于真空样品仓的短波紫外光下，操作者可方便地对焦于样品表面，并选择适当的放大率。按"UV"（即紫外光）键，可见光关闭，紫外光打开，显示屏上显示钻石的荧光图谱。如果需要存储荧光图案，按"capture"（即抓图）键，图像会保留在显示屏上。紫外灯熄灭后，显示屏会自动出现磷光图谱，以作检查。通常情况下近无色的天然钻石磷光很弱，而 HTHP 合成钻石磷光都很强、持续时间也长。

三、用途

（1）钻石观测仪可用于合成钻石的检测。

（2）钻石观测仪可用于充填处理宝石的检测，如钴玻璃充填处理蓝宝石，显示不规则的线状荧光。

思考题

1. 热导仪的核心部件是什么？
2. 数字折射仪的原理是什么？折射率与反射率如何换算？
3. 钻石确认仪的基本原理是什么？
4. 钻石观测仪的基本原理是什么？

第十章 大型分析测试仪器

随着现代高新技术的进步,新的合成宝石、人造宝石及优化处理宝石品种相继面市。一些优化处理宝石、合成宝石与天然宝石之间的差异越来越小,有的优化处理宝石的内外部特征与天然宝石几乎无差,如近几年出现的"加瓷"处理绿松石(图10-1),其表面特征及常规宝石学参数与天然绿松石极为相似。常规的宝石鉴定仪器在鉴定宝石是否经过优化处理方面的不足越来越突出,一些传统的常规宝石鉴定仪器及检测方法已经不能满足珠宝鉴定的要求。宝石检测也逐渐从常规的,各类小巧、轻便的仪器发展到使用原理和分析较为复杂、体积较大的大型分析测试仪器。目前,珠宝鉴定工作者主要使用它们来解决传统的检测仪器无法解决的某些疑难问题,这些测试手段和分析方法在宝石学中的应用也越来越广泛。

图10-1 天然绿松石(a)与"加瓷"处理绿松石(b)

本章节重点介绍珠宝鉴定工作者在质检站常用的六种大型测试仪器,分别为傅里叶变换红外光谱仪、激光拉曼光谱仪、紫外-可见分光光度计及X射线荧光光谱仪,这些仪器可对宝石进行无损检测,在宝石的成分和结构鉴定中起到了至关重要的作用。

第一节 傅里叶变换红外光谱仪

红外光谱又称为分子振动转动光谱,是一种分子吸收光谱。红外光谱仪是利用物质对不同波长的红外辐射的吸收特性,进行分子结构和化学组成分析的仪器。

红外吸收光谱的研究开始于 20 世纪初期，自 1940 年红外光谱仪问世以来，红外光谱在有机化学中得到了广泛的应用，到 50 年代末就已经积累了丰富的红外光谱数据；至 70 年代，在电子计算机蓬勃发展的基础上，傅里叶变换红外光谱（fourier transform infrared spectrometer，简称 FTIR）实验技术进入了现代化学家的实验室，成为结构分析的重要工具，它以高灵敏度、高分辨率、快速扫描、联机操作和高度计算机化的全新面貌使经典的红外光谱技术再获新生。近十年来一些新技术如发射光谱、光声光谱以及色谱-红外联用等的出现，使红外光谱技术得到了更加蓬勃的发展。

红外光谱对样品的适用性相当广泛，能应用于固态、液态或气态样品，并且对于无机、有机以及高分子化合物都可进行检测；此外，红外光谱法还具有测试迅速、操作方便、重复性好、灵敏度高、试样用量少、不破坏试样等特点。近年来，红外光谱法在宝石鉴定、检测与研究领域得到了广泛的应用，是鉴定宝石品种和测定分子结构最有用的方法之一。

一、基本原理

当一束频率连续变化的红外光照射在物质上时，一种情况可能为矿物内部分子运动全部吸收，不再从矿物内部射出；另一种情况可能为红外光束强度大，部分能量被分子能级跃迁吸收，还有部分能量透过矿物。分子吸收了某些频率的辐射，同时将吸收的能量转变为分子振动能和分子转动能，引起偶极距的变化，产生分子振动和转动能级的跃迁，使相应于这些区域的透射光被吸收而强度减弱。由于每种分子具有特定的振动能级，能够选择性地吸收相应频率（或波长）的红外光，所以记录到物质的这种吸收（红外光的透射率/吸收率与波数关系）曲线，就得到红外光谱。但同核分子没有偶极矩，不会产生红外光的吸收。

红外光谱主要研究在振动中伴随有偶极矩变化的化合物，因为没有偶极矩变化的振动不产生红外光的吸收。因此，除了单原子和同核分子如 Ne、He、N_2、O_2 和 H_2 等之外，几乎所有的化合物在红外光区均有吸收。除光学异构体，某些高分子量的高聚物以及在分子量上只有微小差异的化合物外，凡是具有不同结构的两个化合物，一定不会有相同的红外光谱。通常，红外吸收带的波长位置与吸收谱带的强度，反映了分子结构上的特点，可以用来鉴定未知物的结构组成或确定其化学基团，即吸收谱带的强度与分子组成或其化学基团的含量有关。

对于多原子分子来说，由于组成原子数目增多，并且分子中原子排布情况不同，即组成分子的键或基团和空间结构不同，其振动光谱远比双原子分子要复杂得多。但在一定条件下，分子中一切可能的任意复杂的振动方式都可以看成是有限数量且相互独立的和比较简单的振动方式的叠加，这些相对简单的振动称为简正振动。一般将简正振动形式分成两类：伸缩振动和弯曲振动（变形振动）。

1. 伸缩振动

指原子沿着价键方向来回运动，即振动时键长发生变化，键角不变，通常分为对称伸缩振动和反对称伸缩振动。当两个相同原子和一个中心原子相连时，如果两个相同原子同时沿键轴离开中心原子，则称为对称伸缩振动，用符号 v_s 表示；如果一个原子移向中心原子，而另一个原子离开中心原子，则称为反对称伸缩振动，用符号 v_{as} 表示，如图 10-2 所示。对同一基团来说，反对称伸缩振动的频率要稍高于对称伸缩振动频率，而官能团的伸缩振动一般出现在高波数区。

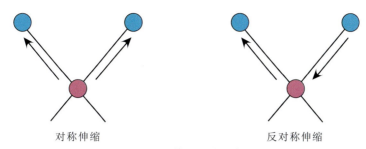

图 10-2 伸缩振动示意图

2. 弯曲振动

也称为变形振动,指基团键角发生周期变化而键长不变的振动。弯曲振动又分为面内变形振动和面外变形振动两种。面内变形振动又分为剪式振动(以 δ_s 表示)和平面摇摆(以 ρ 表示);面外变形振动又分为非平面摇摆(以 ω 表示)和扭曲振动(以 τ 表示),见图 10-3。如亚甲基(—CH_2)的各种振动形式如图 10-4 所示。

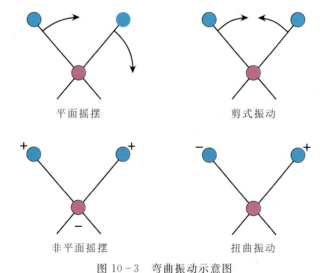

图 10-3 弯曲振动示意图

"+"表示运动方向垂直纸面向里,"-"表示运动方向垂直纸面向外

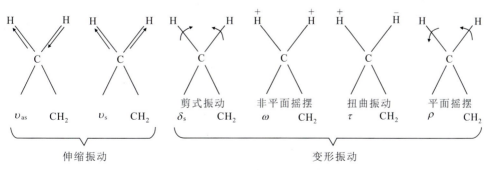

图 10-4 亚甲基的各种振动示意图

"+"表示运动方向垂直纸面向里,"-"表示运动方向垂直纸面向外

由于伸缩比弯曲的力常数大,故伸缩振动的频率较高,而弯曲振动则出现在低频区。

二、红外光区的划分

红外光谱在可见光区和微波光区之间,其波数范围为 12 800～10cm^{-1},波长范围为 0.78～1000μm,习惯上又将红外光分为三个区:近红外光区、中红外光区和远红外光区。每一个光区的大致范围及主要应用如表 10-1 所示。

表 10-1 红外光谱区的划分

范围	波长范围 λ/μm	波数范围 σ/cm^{-1}	测定类型	分析类型	试样类型	能级跃迁类型
近红外	0.78～2.5	12 820～4000	漫反射	定量分析	蛋白质、水分、油、类脂、淀粉等	O—H、N—H 及 C—H 键的倍频吸收
			吸收	定量分析	气体混合物	
中红外	2.5～25	4000～400	吸收	定性分析	纯气体、液体或固体物质	基团的伸缩振动,特征性强指纹区(1300～400cm^{-1})单键伸缩振动,含氢基团的弯曲振动,C—C 骨架振动
				定量分析	复杂的气体、液体或固体混合物	
				与色谱联用	复杂的气体、液体或固体混合物	
			反射	定性分析	纯固体或液体化合物	
			发射		大气试样	
远红外	25～1000	400～10	吸收	定性分析	纯无机或金属有机化合物	分子转动

(1) 近红外光区:波长范围为 0.78～2.5μm,波数范围为 12 820～4000cm^{-1},它处于可见光区到中红外光区之间。该光区的吸收带主要由低能电子跃迁、含氢原子团(如 O—H、N—H、C—H)伸缩振动的倍频及组合频吸收产生,可以测定各种试样中的水以及可测定酯、酮和羧酸。如绿柱石中 O—H 的基频伸缩振动在 3650cm^{-1},但伸/弯振动合频在 5250cm^{-1},一级倍频在 7210cm^{-1} 处。

(2) 中红外光区:波长范围为 2.5～25μm,波数范围为 4000～400cm^{-1}。绝大多数有机化合物和无机离子的基频吸收带出现在中红外光区,由于基频振动是红外光谱中吸收最强的振动,所以该区最适于进行定性分析,在宝石学中应用极为广泛。

根据化学键的性质,结合波数与力常数、折合质量之间的关系,可将中红外 4000～400cm^{-1} 划分为四个区,包括:4000～2500cm^{-1} 氢键区,产生吸收的基团有 O—H、C—H 和 N—H;2500～2000cm^{-1} 三键区,产生吸收的基团有 C≡C、C≡N、C=C=C;2000～1500cm^{-1} 双键区,产生吸收的基团有 C=C、C=O 等;1500～1000cm^{-1} 单键区,产生吸收的基团有 C—C 和 C—N 等。

按照吸收的特征，又可将 4000～400cm^{-1} 的红外光谱图划分为官能团区（4000～1300cm^{-1}）和指纹区（1300～400cm^{-1}）两个区域。

4000～1300cm^{-1} 区域的峰是由伸缩振动产生的吸收带。由于基团的特征吸收峰一般位于此高频范围，并在该区域内，吸收峰比较稀疏，因此，它是基团鉴定工作最有价值的区域，称为官能团区。可利用这一区域特征的红外吸收谱带，去鉴别宝石中可能存在的官能团。如羰基，在酮、酸、酯或酰胺等类化合物中，其伸缩振动总是在 1700cm^{-1} 左右出现一个强吸收峰，通过这个峰大致可以断定分子中有羰基。

1300～400cm^{-1} 区域中，除单键（如 C—O、C—N 等）的伸缩振动外，还有因变形振动产生的复杂光谱。该区的振动与整个分子的结构有关，当分子结构稍有不同时，该区的吸收就有细微的差异。这种情况就像每个人都有不同的指纹一样，因而称为指纹区。指纹区对于区分结构类似的化合物很有帮助。

（3）远红外光区：波长范围为 25～1000μm，波数范围为 400～10cm^{-1}。该区的红外吸收谱带主要是由气体分子中的纯转动跃迁、振动—转动跃迁、液体和固体中重原子的伸缩振动、某些变角振动、骨架振动以及晶体中的晶格振动所引起的，在宝石学中应用极少。

三、红外光谱仪的仪器类型及测试方法

按分光原理，目前红外光谱仪主要分为两大类：色散型（单光束和双光束红外分光光度计）和干涉型（傅里叶变换红外光谱仪）。

在 20 世纪 80 年代以前，广泛应用的是色散型红外光谱仪，此类型光谱仪主要由光源、单色器、试样室、检测器和记录仪等组成，其主要不足首先是仪器的抗震性能较差，图谱容易受到杂散光的干扰，扫描速度较慢，使用范围较窄；其次要使用外部标准样品校准仪器，其分辨率、信噪比等指标都相应较差。傅里叶变换技术引入红外光谱仪，使其具有分析速度快，分辨率高，灵敏度高以及很好的波长精度等优点。但因为它的价格，仪器的体积及常常需要进行机械调节等问题而在应用上受到一定程度的限制。近年来，因傅里叶变换红外光谱仪器体积减小，操作稳定、易行，一台简易的傅里叶变换红外光谱仪的价格与一般色散型红外光谱仪相当，目前傅里叶变换红外光谱仪已在很大程度上取代了色散型仪器。在宝石测试与研究中，主要采用傅里叶变换红外光谱仪。

傅里叶变换红外光谱仪（图 10-5）主要由红外光源、分束器、干涉仪、样品池、探测器、计算机数据处理系统和记录系统等组成。首先是把光源发出的光经迈克尔逊干涉仪变成干涉光，再让干涉光照射样品；经检测器（探测器—放大器—滤波器）后获得干涉图，再由计算机将干涉图进行傅里叶变换得到光谱（图 10-6）。傅里叶变换红外光谱仪的主要特点是：扫描速度快，适合仪器联用；波数准确度高，波数精度可达 0.01cm^{-1}；可研究很宽的光谱范围，包括近红外、中红外和远红外光区；具有高分辨率，一般可达到 0.1cm^{-1}，甚至可达 0.005cm^{-1}。

傅里叶变换红外光谱仪用于宝石检测，其测试方法主要有透射法和反射法两种。

1. 透射法

透射法分为粉末透射法和直接透射法。

图 10-5 傅里叶变换红外光谱仪

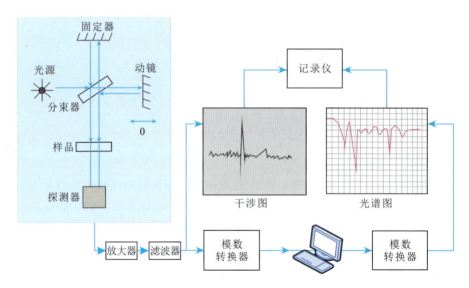

图 10-6 傅里叶变换红外光谱仪结构原理示意图

1) 粉末透射法

粉末透射法也称为压片法,为一种有损的测试方法,主要适用于原石、玉石雕件等。具体方法是用溴化钾(KBr)以 1∶100~1∶200 的比例与样品混合并共同研磨成 $2\mu m$ 以下粒径的粉末,再在模具中用 $(5~7)\times10^7 Pa$ 压力的油压机将粉末混合物压制成薄片,即可测定宝石矿物的透射红外吸收光谱(溴化钾在 4000~400cm^{-1} 光区不产生吸收)。

2) 直接透射法

直接透射法为一种无损的测试方法,适用于薄至中等厚度,具有一定透光性的宝石原料或成品。具体方法是将宝石样品直接置于样品台上,让红外光透过宝石(图 10-7),即可获得宝石中水分、有机质的特征,为某些充填处理的宝石中有机高分子充填材料的鉴定提供了一种便捷、准确、无损的测试方法。但是由于宝石样品厚度较大,使用此方法测试时,2000cm^{-1} 以下的波数范围会被全部吸收,因而难以得到宝石指纹区的重要信息。

图 10-7　红外光谱透射法测试宝石示意图

直接透射技术虽属无损测试方法，但从中获得有关宝石的结构信息十分有限，因此限制了红外吸收光谱的进一步应用。

2. 反射法

反射法也属于一种无损的测试方法，在宝石的测试与研究中备受关注。适用于几乎所有的不透明至透明的天然、合成及优化处理宝石品种。

根据采用的反射光的类型和附件分为镜反射、漫反射、衰减全反射和红外显微镜反射，其中镜反射和漫反射红外光谱在宝石学中应用得最多（图 10-8）。宝石的红外反射光谱，有助于获取宝石晶体结构中羟基、水分子、阴离子和络阴离子的伸缩或弯曲振动，分子基团结构单元及配位体对称性等重要的信息，特别是为某些充填处理的宝石中有机高分子充填材料的鉴定提供了一种便捷、准确、无损的测试方法。

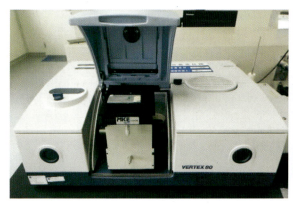

图 10-8　红外光谱反射法测试宝石示意图

四、傅里叶变换红外光谱在宝石学中的应用

物质的红外光谱是其分子结构的客观反映，红外图谱中的吸收峰与分子中某个特定基团的振动形式相对应。宝石内分子或官能团在红外吸收光谱中分别具有自己特定的红外吸收区

域，依据特征的红外吸收谱带的数目、波数位及位移、谱形及谱带强度、谱带分裂状态等内容，有助于对宝石的红外吸收光谱进行定性表征，从而获得与宝石鉴定相关的重要信息。下面分别以摩根石、绿松石、钻石和琥珀为例介绍傅里叶变换红外光谱仪在宝石学中的应用。

1. 天然及充填处理摩根石的区分

分别选择天然摩根石与充填处理摩根石（图10-9）进行红外吸收光谱测试。

反射法测试的天然及充填处理摩根石指纹区的红外光谱如图10-10所示，摩根石的红外吸收峰主要位于1300~400cm^{-1}之间，选取的所有样品的红外吸收光谱峰位总体较为相近，特征峰为453cm^{-1}、493cm^{-1}、532cm^{-1}、596cm^{-1}、683cm^{-1}、756cm^{-1}、816cm^{-1}、964cm^{-1}、1107cm^{-1}、1236cm^{-1}，其中900~1300cm^{-1}是Si—O—Si环的振动区，550~900cm^{-1}是Be—O的振动区，450~530cm^{-1}是Al—O所产生的振动区范围。

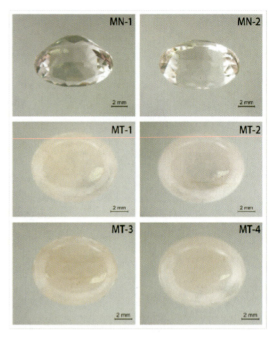

图10-9 天然（MN-1、MN-2）及充填处理摩根石（MT-1~MT-4）

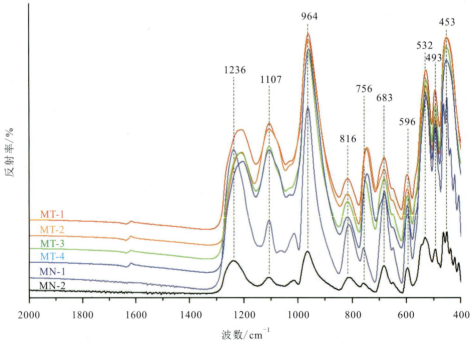

图10-10 反射法测得的天然（MN-1、MN-2）及充填处理摩根石（MT-1~MT-4）的红外光谱图

利用直接透射法测试天然及充填处理摩根石官能团区的红外光谱如图 10-11，在 4000～2000cm^{-1} 之间，天然摩根石在 3110cm^{-1}、3168cm^{-1} 附近存在弱吸收。其中，3110cm^{-1}、3168cm^{-1} 处的吸收与通道中的钠离子趋向与氢离子反应生成 NaH 有关。

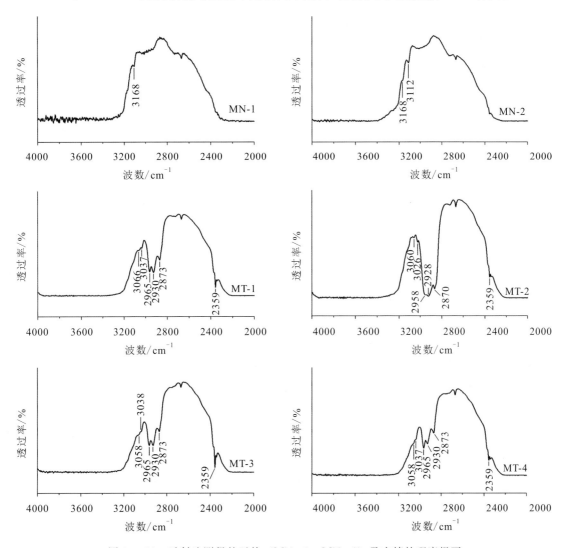

图 10-11 透射法测得的天然（MN-1、MN-2）及充填处理摩根石
（MT-1～MT-4）的红外光谱图

充填处理的摩根石样品在 3110cm^{-1}、3168cm^{-1} 两处的吸收非常弱，除了摩根石本身基团振动吸收外，在 2870cm^{-1}、2930cm^{-1}、2965cm^{-1} 处存在强吸收，3035cm^{-1}、3057cm^{-1} 处普遍存在吸收。其中 2870cm^{-1}、2930cm^{-1}、2965cm^{-1} 处的强吸收主要由 CH_2 的伸缩振动所致；3035cm^{-1}、3057cm^{-1} 两处的吸收由苯环中不饱和碳原子的伸缩振动所致，从这五处的红外谱峰可以确定此四粒摩根石（MT-1～MT-4 样品）属有机物充填处理品。

对比天然及充填处理摩根石的红外光谱特征，天然摩根石与充填处理摩根石在指纹区光谱差异不大，均表现为摩根石的结构基团振动产生的吸收；在官能团区，充填处理摩根石在

2870~3057cm^{-1}可见五个明显的红外吸收峰,有别于天然摩根石,此吸收峰可作为鉴别天然与充填处理摩根石的有效证据。

2. 绿松石及相似玉石的区分

绿松石是一种含水的铜铝磷酸盐矿物,其中普遍存在水组分,绿松石中的水以结晶水、结构水、吸附水三种形式存在。绿松石的红外吸收光谱如图 10-12 所示,由羟基伸缩振动致红外吸收锐谱带位于 3467cm^{-1}、3509cm^{-1} 附近处;而由结晶水伸缩振动致红外吸收谱带则出现在 3280cm^{-1}、3085cm^{-1} 附近处,多呈较舒缓的宽谱态展布;由 H_2O 弯曲振动致红外吸收弱谱带位于 1635cm^{-1} 附近。同时,在指纹区内显示磷酸根基团的伸缩与弯曲振动导致的红外吸收谱带。

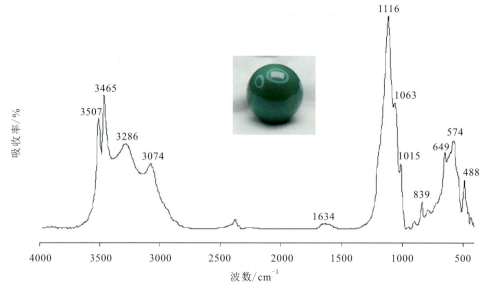

图 10-12 天然绿松石的红外吸收光谱(经 K-K 变换)

(图谱采用 Kramers-Kroning 变换予以校正,简称 K-K 变换)

绿松石的仿制品种类繁多,包括磷铝石、染色菱镁矿、压制碳酸盐和玻璃等。以压制碳酸盐仿绿松石为例,压制碳酸盐的红外吸收光谱特征与绿松石完全不同,压制碳酸盐的红外吸收光谱主要由碳酸根基团振动所致(图 10-13)。压制碳酸盐红外吸收光谱显示,1541cm^{-1}、1495cm^{-1}、1348cm^{-1} 处的吸收谱峰由碳酸根基团反对称伸缩振动所致,713cm^{-1}、730cm^{-1}、877cm^{-1}、886cm^{-1} 处的红外吸收谱峰则由面内弯曲振动所致。此外,该类绿松石仿制品中出现典型的人造树脂中由 $\nu_{as}(CH_2)$ 反对称伸缩振动(2926cm^{-1})、$\nu_s(CH_2)$ 对称伸缩振动(2857cm^{-1})及 $\nu(C=O)$ 伸缩振动(1733cm^{-1})致红外吸收谱带。红外吸收光谱测试表明,该类绿松石仿制品主要采用大理岩粉末加人造树脂压制而成。

磷铝石作为绿松石常见的另一种仿制品,属磷酸盐矿物,一般呈绿色,外观与绿松石极为相似,但其红外吸收光谱特征与绿松石却截然不同。如图 10-14 所示,由 $\nu(OH)$ 伸缩振动致红外吸收锐谱带为 3755cm^{-1},而 $\nu(H_2O)$ 伸缩振动致红外吸收弱谱带则出现在 3336cm^{-1}、3223cm^{-1} 处。在指纹区内,显示磷酸根基团振动的特征红外吸收谱带,其中 1050cm^{-1} 处红外吸收锐谱带为 $\nu(P-O)$ 伸缩振动所致,$\delta(O-P-O)$ 弯曲振动致一组红

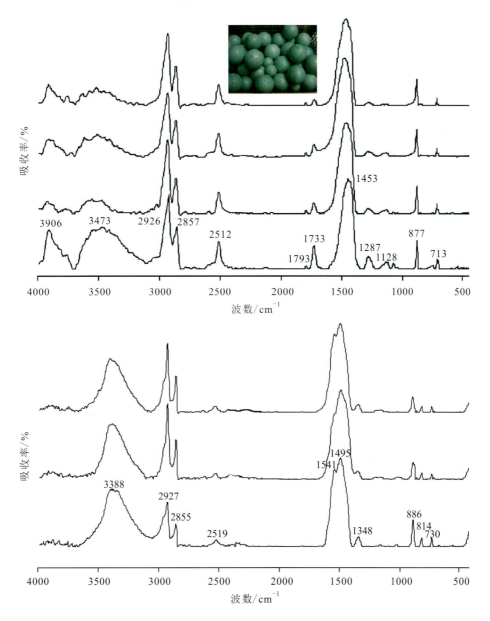

图 10-13　碳酸盐仿绿松石的红外吸收光谱（经 K-K 变换）

外吸收弱谱带出现在 592cm^{-1}、461cm^{-1} 等处。依据红外吸收光谱特征可以有效区分绿松石和磷铝石。

3. 钻石类型的划分

钻石主要由碳（C）原子组成，当其晶格中存在少量的氮（N）、硼（B）和氢（H）等杂质原子时，可使钻石的物理性质如颜色、导热性、导电性等发生明显的变化。杂质元素氮（N）在钻石中具有不同的浓度和不同的集合体类型，因此也具有不同特征的红外光谱，利用红外光谱的特征不仅可以分辨Ⅰ型钻石和Ⅱ型钻石，同时还能帮助区分ⅠaA、ⅠaB、Ⅱa

宝石鉴定仪器教程

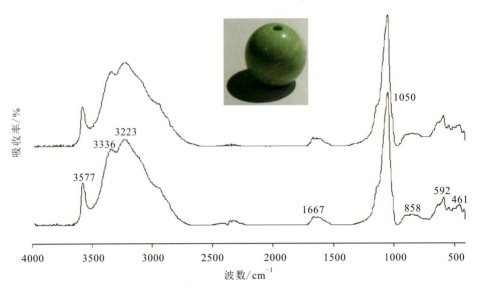

图 10-14　磷铝石的红外吸收光谱（经 K-K 变换）

和 Ⅱb 等亚型。红外吸收光谱表征，有助于确定钻石中杂质原子的成分及存在形式，并可作为钻石分类的主要依据之一。不同类型钻石的红外吸收光谱见表 10-2。

表 10-2　钻石的类型及红外吸收光谱特征

依据	类型					
	Ⅰ型				Ⅱ型	
	Ⅰa			Ⅰb	Ⅱa	Ⅱb
	含不等量的杂质氮原子，聚合态			单氮原子	基本不含杂质氮原子	含少量杂质硼原子
杂质原子存在形式	双原子氮	三原子氮	集合体氮	片晶氮	孤氮	分散的硼替代碳的位置
晶格缺陷及亚类	N_2 ⅠaA	N_3 ⅠaAB	B_1 ⅠaB	B_2 ⅠaB	N	B
红外吸收谱带/cm^{-1}	1282 1212	1175	1365 1370	1130 1344	1100～1400 内无吸收	1100～1400 内无吸收，2800

4. 天然琥珀和柯巴树脂的区分

琥珀的形成及演化过程有三个重要里程碑，即：固态树脂—柯巴树脂（半石化树脂）—琥珀（石化树脂），它包含了树脂逐渐成熟的演化进程。首先，树脂中小分子经聚合作用不断形成链状大分子（柯巴树脂），伴随着柯巴树脂中大量萜烯组分的挥发作用，链状大分子进一步交结形成三维网状大分子结构，最终形成琥珀。琥珀和柯巴树脂（图 10-15）是天然树脂成熟过程中的不同阶段，它们的外观、化学成分和物理性质都具有一定的相似性，而红外光谱能有效地分辨琥珀与柯巴树脂中的各种特征基团或官能团，从而区分天然琥珀和柯巴树脂。

a.缅甸琥珀

b.波罗的海琥珀

c.柯巴树脂

图 10-15　缅甸琥珀、波罗的海琥珀与柯巴树脂

图 10-16 中，3000～2800cm^{-1} 范围的多处吸收峰属于脂肪族 C—H 键伸缩振动引起的峰。酯中 C=O 官能团伸缩振动引起琥珀 1730cm^{-1} 处的吸收峰，1702cm^{-1} 处的吸收峰与羧酸中羰基振动有关。1456cm^{-1}、1380cm^{-1} 的吸收峰是由 CH_2—CH_3 弯曲振动引起的，1267～1025cm^{-1} 处的弱吸收峰由含氧官能团中 C—O 单键伸缩振动引起，可能与酯、醇、醚等含氧结构有关。976cm^{-1} 吸收峰与 C—O 单键的伸缩振动有关。

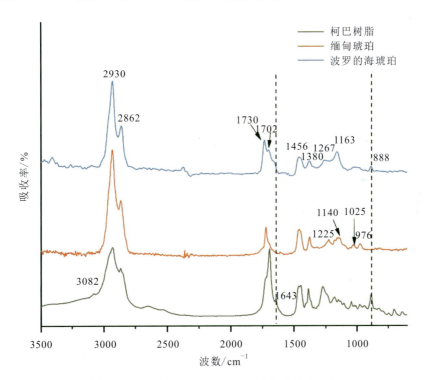

图 10-16　天然琥珀与柯巴树脂的红外吸收光谱

柯巴树脂与琥珀红外吸收光谱的主要差别是柯巴树脂存在三处同时出现的与半日花烷型（labdanoid）二萜化合物中环外 C=C 双键有关的吸收峰，主要表现为：①3082cm^{-1} 附近弱而尖锐的吸收峰由环外 C=CH_2 基团中 CH 伸缩振动所致，该基团位于 labdanoid 型二萜化合物分子结构中的 C8—C17 位置；②环外非共轭 C=C 双键伸缩振动致 1643cm^{-1} 处的中等强度吸收峰；③双键上 CH 面外变形振动致 888cm^{-1} 处的强吸收峰。

第二节 激光拉曼光谱仪

拉曼光谱,是一种分子散射光谱。拉曼光谱分析法是基于印度科学家拉曼所发现的拉曼散射效应,对与入射光频率不同的散射光谱进行分析以得到分子振动、转动方面的信息,并应用于分子结构研究的一种分析方法。受散射光强度低的影响,拉曼光谱经历了 30 年的应用发展限制期。直到 1960 年后,激光技术的兴起,才使得拉曼光谱的研究进入了一个全新的时期。由于激光器的单色性好,方向性强,功率密度高,用它作为激发光源,大大提高了激发效率,拉曼散射信号强度大大提高,拉曼光谱技术才得以迅速发展。随探测技术的改进和对被测样品要求的降低,拉曼光谱已在物理、化学、地质学、医药、生命科学、工业等众多领域得到了广泛的应用。

一、基本原理

当用单色光照射样品时,除了透过、吸收和反射的光以外,小部分光会被样品在各个方向上散射(图 10-17)。这些散射的光又分为瑞利散射和拉曼散射两种。

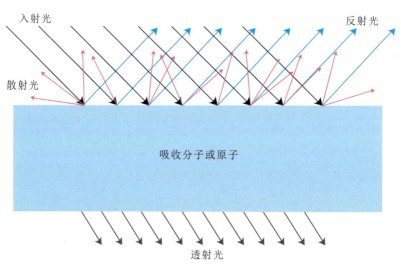

图 10-17 光与样品的作用

1. 瑞利散射和拉曼散射

当光与气体、液体或固体中的分子相互作用时,绝大多数光子和样品分子发生弹性碰撞,即光子和分子之间没有能量交换,而以与入射光相同的能量(频率)被散射,这种光子的弹性散射,叫作瑞利散射。而在这些光子中,少量光子(约千万分之一)和样品分子发生非弹性碰撞,以不同于入射光子的能量(频率)被散射,这种光子的非弹性散射称为拉曼散射。拉曼散射光强度很弱,占总散射光强度的 $10^{-10} \sim 10^{-6}$。

2. 斯托克斯线与反斯托克斯线

如图 10-18 所示,在拉曼散射光中,若光子把一部分能量传递给样品分子,与入射光

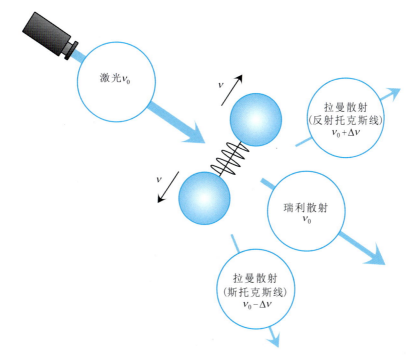

图 10-18 拉曼光谱产生示意图

相比（频率 ν_0），则散射光的能量减少，频率降低，称为斯托克斯线，其频率可表示为 $(\nu_0-\Delta\nu)$；相反，若光子从样品分子中获得能量，则散射光能量增加，频率增加，则称为反斯托克斯线，其频率可表示为 $(\nu_0+\Delta\nu)$。

3. 拉曼散射产生原因

拉曼散射的产生原因是光子与分子之间发生了能量交换，改变了光子的能量。量子力学对拉曼散射过程的描述是：样品分子处于电子能级和振动能级的基态 E_0，入射光子的能量远大于振动能级跃迁所需要的能量，但又不足以将分子激发到电子能级激发态。当光子与分子相互作用时，分子吸收光的能量后，可能发生能级跃迁，由振动基态 E_0 跃迁至更高能量不稳定的虚能态 $E_0+h\nu_0$（图 10-19）。由于高能态不稳定，分子会弛豫至不同于其初始状态的振动能级（如 E_1、E_2 等），并产生不同能量的光子，这即为拉曼散射的斯托克斯散射。另外，少数分子一开始可能处于振动激发态（如 E_1），当它们跃迁至更高虚能态 $E_1+h\nu_0$ 时，可能会弛豫至能量低于其初始激发态的较终能态 E_0，这种散射称作反斯托克斯散射。

理论上，在以波数为变量的拉曼光谱图上，斯托克斯线和反斯托克斯线对称地分布在瑞利散射线两侧，这是由于在上述两种情况下分别对应于得到或失去了一个振动量子的能量。但由于在常温下，处于基态 E_0 的分子占绝大多数，而处于激发态（E_1、E_2 等）的分子数较少。因此，斯托克斯线的强度远高于反斯托克斯线，故在一般拉曼光谱图中只能检测到斯托克斯线。

4. 拉曼位移

斯托克斯（或反斯托克斯）散射光的频率与激发光频率的差值 $\Delta\nu$ 称为拉曼位移（图

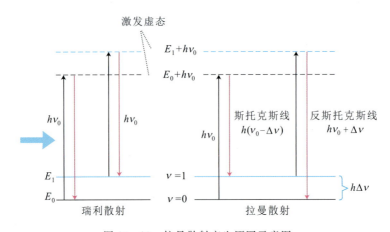

图 10-19 拉曼散射产生原因示意图

（其中 E_0 为基态，E_1 为振动激发态，$E_0+h\nu_0$、$E_1+h\nu_0$ 为激发虚态）

10-20），拉曼光谱横坐标以拉曼位移表示，单位为波数（cm^{-1}）。对同一物质，其拉曼位移与入射光频率无关，仅取决于分子振动能级的变化。物质的化学键或基态有不同的振动方式，决定了其能级间的能量变化，与之对应的拉曼位移是固定的。这是拉曼光谱进行分子结构定性分析的理论依据。

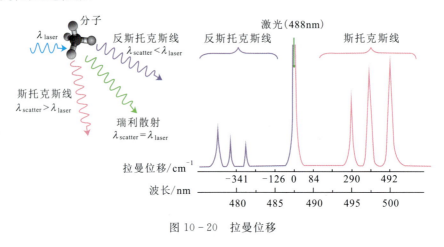

图 10-20 拉曼位移

拉曼位移的计算公式：$\Delta\nu=$ 入射光的波数 — 散射光的波数

例如，入射光的波长为 488nm，那么其对应的波数为 20 492cm^{-1}；散射光的波长假如为 495nm，对应的波数为 20 202cm^{-1}，则拉曼位移 $\Delta\nu=$ 20 492cm$^{-1}-$ 20 202cm$^{-1}=$ 290cm^{-1}，即拉曼光谱图中 290cm^{-1} 处有一个拉曼散射峰。

因此，横坐标同样用波数表示的红外光谱和拉曼光谱，其表示的物理意义不同。

二、激光拉曼光谱仪的结构组成

1. 激光拉曼光谱仪的结构

目前，根据拉曼光谱仪的应用情况可以分为傅里叶变换拉曼光谱、色散型显微拉曼光谱、表面增强激光拉曼光谱等。下面简单介绍应用最广的色散型拉曼光谱仪（图10-21）。

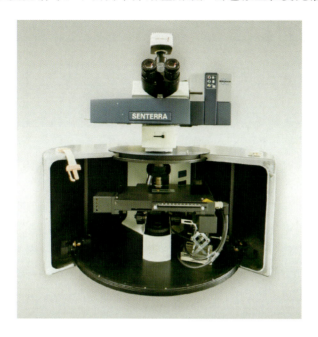

图10-21 色散型拉曼光谱仪

色散型拉曼光谱系统的优势在于：①可以配备多个激光波长，从而可以根据研究样品的具体情况选择最优化方案，实现增强灵敏度、控制穿透深度、抑制荧光等功能。②配备共聚焦拉曼显微镜能够大大提高空间分辨率（大约1μm），能够提供清晰的拉曼图像，从而显示样品的化学组成、分布、形态以及很多其他的样品特征。

色散型拉曼光谱仪一般由激光光源、外光路、滤光器、色散系统、检测器及数据处理与显示系统六个部分组成（图10-22）。

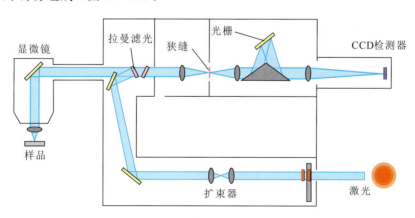

图10-22 色散型拉曼光谱仪结构原理

1）激发光源

目前拉曼光谱仪的光源已全部使用激光光源。入射光采用激光，具有强度高、单色性好、方向性好以及偏振性能优良等优点，应用于拉曼光谱仪的激光波长已覆盖紫外到近红外区域，如可以配备 266（UV）、488nm（蓝绿）、514nm（绿）、532nm（绿）、633nm（红）、785nm（IR）、830（IR）、1064nm（IR）等多种波长的激光器。

2）外光路

为了更有效地激发样品、收集散射光，外光路常包括聚光、集光、样品架和偏振等部件。

聚光的目的是增强入射光在样品上的功率密度。通过使用几块焦距合适的会聚透镜，入射光的辐照功率可增强数十倍。

集光是为了更多地收集散射光，通常要求收集透镜的相对孔径较大。对于某些实验样品可在收集镜对面或者照明光传播方向上添加反射镜，从而进一步提高收集散射光的效率。

样品架，一方面要保证能够正确和稳定地放置样品，另一方面要使入射光照射最有效和杂散光最少，特别是要避免入射激光进入光谱仪的入射狭缝，干扰散射光的检测。

拉曼光谱除了对散射分子进行拉曼频移以及拉曼强度的测量，还可以通过测量拉曼光谱的偏振性更好地了解分子的结构。在外光路中加入偏振元件，可以改变入射光和散射光的偏振方向。

3）滤光器

与激光波长相同的散射光（瑞利散射光）要比拉曼散射信号强几个数量级，必须在进入检测器前将其滤除，另外，为防止样品被外辐射源照射，需要设置适宜的滤波器或者物理屏障。

4）色散系统

色散系统是拉曼光谱仪的核心部分，它的作用是将拉曼散射光按频率顺序在空间分开。通常分为色散型和非色散型两种。前者包括法布里-珀罗干涉仪和光栅光谱仪，后者以傅里叶变换光谱仪为代表。目前主要使用光栅色散型光谱仪，有单光栅、双光栅和三光栅。

5）检测器

拉曼散射信号可以通过单通道和多通道两种方式接收。传统采用光电倍增管，目前多采用CCD多通道检测器。

6）数据处理与显示系统

拉曼信号经计算机处理，最后通过记录仪或者计算机接口软件输出图谱。

2. 激发光源的选择

由于拉曼效应非常微弱，因此目前采用单色性好、准直性好、强度高的激光作为激发光源。

一般来说，材料的拉曼光谱与其独特的化学结构有关，而与激光的波长无关。理论上，从紫外、可见光到近红外波长范围内的激光器都可以用作拉曼光谱分析的激发光源，但不同波长的激发光源，其激发效率、热效应及荧光效应与波长有关。

1）可见光激光

可见光激光波长常见有488nm、514nm、532nm、633nm等。可见光激发波长具有良好的灵敏度，较高的激发效率等优点，短时间即可获得有效图谱，因此较多采用，尤其适用于金属氧化物或矿物等无机材料的拉曼光谱分析。其中最常用的是532nm激光器，可覆盖 $65\sim4000cm^{-1}$ 整个光谱范围，有利于一些较高拉曼位移区域中的应用，比如在 $2800\sim$

$3700cm^{-1}$ 之间出现的—NH 和—OH 官能团。

2) 近红外激光

近红外的激发波长一般在 700nm 以上，常见的有 785nm、830nm 和 1064nm。采用近红外的激发波长主要是为了抑制荧光干扰。大多数材料的荧光吸收带都处于可见光的部分，只有少数材料的吸收带位于近红外区域，因此对于大多数的材料，近红外激光不会引起荧光效应，而拉曼信号却可以正常出现。当材料在可见光激发下有很强的荧光干扰时，使用近红外拉曼是一个很好的解决方案。

但是近红外的激光激发的效率不高（拉曼信号强度与激发波长的四次方成反比），会导致灵敏度降低。如 785nm 激光激发的拉曼强度几乎只有 532nm 激光激发拉曼强度的 1/5；1064nm 激光激发的拉曼强度只有 532nm 激光激发拉曼强度的 1/15。此外，CCD 探测器的灵敏度在近红外部分也比较低，因此，与使用可见激光测量相比，要获得同样的光谱质量，近红外拉曼的测量时间相对长很多。

在近红外激光中，目前最流行和最常用的是 785nm 激光器，因为它对 90% 以上的拉曼活性材料都可以起到有效作用，并且受到的荧光干扰小，可以很好地平衡荧光效应和光谱分辨率。

3) 紫外激光

紫外激发波长一般在 350nm 以下，常用的有 266nm。采用紫外的激发波长同样可以抑制荧光影响，和近红外相似，荧光的吸收带主要在可见波长段，荧光信号和拉曼信号不在同一区域（近可见波长段可能也会出现荧光），虽然荧光信号强度远远高于拉曼信号，但是不会受到荧光的干扰。许多生物样品（如蛋白质、DNA 等）会与紫外激发波长产生共振，使拉曼信号增强数倍，对于测试这类材料的结构提供了便捷。综上，紫外激光适合生物分子（如蛋白质、DNA、RNA 等）的共振拉曼实验以及抑制样品荧光。此外，紫外激光在半导体材料中的穿透深度一般在几个纳米的量级，对于测试样品表面的薄膜可以进行选择性的分析。紫外波长的激发效率较高，因此使用较低的功率就可以激发出较强的拉曼信号。

但是由于紫外激发波长的热效应较高，在高能量紫外激光照射下，可能会损伤样品。同时，紫外光束无法用肉眼看见，紫外的激光器体积更大，操作复杂，价格也更为昂贵，使得紫外拉曼需要更专业的技术人员操作。

综上所述，拉曼光谱实际应用中应根据研究对象特点选择合适的激光波长。对于大多数宝石样品，可采用 532nm 激光器。但研究红宝石、红色尖晶石等荧光强的宝石，可选波长较长的近红外光（如 785nm、1064nm），有效避免荧光对拉曼光谱的干扰。对于研究化学发光和荧光光谱，则选紫外激光器（如 266nm）。当然，除了以上影响因素以外，选择激光器还要考虑光谱线宽、频率稳定性、光谱纯度、光束质量、输出功率和稳定性以及可靠性、寿命和成本等。

三、激光拉曼光谱仪在宝石学中应用

拉曼与红外光谱均可提供体现分子特定振动特点的光谱（"分子指纹"），对于识别物质很重要。目前拉曼光谱已经广泛用于宝石学的鉴定与研究中。通过拉曼光谱技术，可以快速、无损、准确地对宝石品种进行鉴定，尤其是常规鉴定方法较难区分的宝石品种；可鉴定某些

激光拉曼
光谱仪的使用

优化处理的宝石；可用于宝石包裹体成分的确定，进而为成因及产地研究提供重要信息。

1. 宝石矿物品种的鉴定

每一种宝石矿物都具有特定的化学成分和晶体结构，因而具有相同的拉曼光谱特征，称为指纹光谱。因此测定未知宝石的拉曼光谱，通过与已知拉曼光谱数据库比对，即可轻松确定宝石品种，尤其对于类质同像系列品种的鉴别尤为重要。

图10-23为氟磷铁锰矿族矿物羟磷铁锰矿与氟磷铁锰矿样品的拉曼光谱。可见，羟磷铁锰矿和氟磷铁锰矿的主峰存在明显差异，羟磷铁锰矿在961cm^{-1}、975cm^{-1}呈现双峰特征，而氟磷铁锰矿仅有980cm^{-1}单峰，这可以作为羟磷铁锰矿与氟磷铁锰矿诊断性区分特征，此外，其他次级弱峰也略有差异。

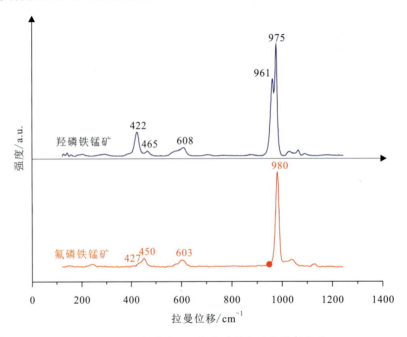

图10-23　氟磷铁锰矿与羟磷铁锰矿的拉曼光谱

2. 宝石中包裹体成分的测定

激光拉曼光谱在确定宝石中包裹体成分方面优势明显，并且可以进行原位无损测试。拉曼光谱不仅可以鉴定流体包裹体，还可以鉴定固体包裹体；不仅可以鉴定露出表面的包裹体，还可以对宝石内部包裹体进行快速无损鉴定。

图10-24为缅甸曼辛尖晶石中特征的多相包裹体。无色较透明部位（图10-24中①处）的拉曼光谱显示，除了尖晶石基底位于312cm^{-1}、407cm^{-1}、667cm^{-1}、766cm^{-1}的拉曼峰外，还在2580cm^{-1}处出现液态的H_2S的拉曼峰、2611cm^{-1}处气态的H_2S的拉曼峰以及2918cm^{-1}处气态的CH_4的拉曼峰。对包裹体的橙黄色部位（图10-24中②处）进行拉曼测试，显示位于155cm^{-1}、220cm^{-1}、443cm^{-1}、475cm^{-1}处的自然硫的特征拉曼峰，264cm^{-1}、394cm^{-1}、495cm^{-1}处拉曼峰为未知成分所致，需进一步确定。从包裹体的拉曼光谱结果可知，该包裹体是一个多相包裹体，由气态的H_2S和CH_4、两种不混溶的液体（液态的H_2S和富含硫的流体）组成。

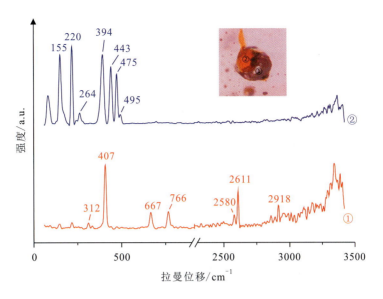

图 10-24 曼辛尖晶石中的多相包裹体的拉曼光谱

3. 优化处理宝石的鉴定

在鉴定优化处理宝石方面,拉曼光谱主要应用于充填宝石的鉴定,如充填处理绿松石、充填处理翡翠、铅玻璃充填红宝石等。

图 10-25 为天然绿松石样品(T-1、T-2)的激光拉曼光谱。在 4000～2000cm^{-1} 范围内,样品 T-1 出现有 3497cm^{-1}、3471cm^{-1}、3449cm^{-1}、3279cm^{-1} 和 3082cm^{-1} 散射峰;样品 T-2 在 3497cm^{-1}、3471cm^{-1}、3447cm^{-1}、3272cm^{-1} 和 3078cm^{-1} 有一组散射峰。2000～200cm^{-1} 内,尖锐的谱峰出现在 1037～1040cm^{-1} 附近,1163～1103cm^{-1}、820～200cm^{-1} 处分别有一系列计数强度低且较小的谱峰。T-1、T-2 激光拉曼光谱特征整体一致。

图 10-26 为优化处理绿松石的激光拉曼光谱,样品 T-3 为压制绿松石,样品 T-4、

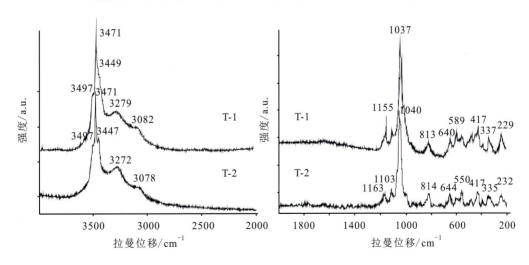

图 10-25 天然绿松石的拉曼光谱

T-5为人工注塑处理绿松石。与天然绿松石相比，压制及注塑处理绿松石整体上保留了天然绿松石的激光拉曼光谱特征，但在2937cm^{-1}、2883cm^{-1}及1451cm^{-1}显示由外来基团CH$_2$伸缩及弯曲振动所致的拉曼谱峰。

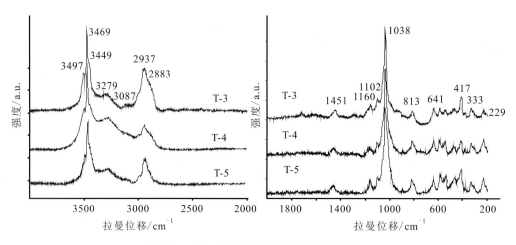

图10-26 优化处理绿松石的拉曼光谱

第三节 紫外-可见分光光度计

杜包斯克（Duboscq）和奈斯勒（Nessler）等在1854年将朗伯-比尔定律应用于定量分析化学领域，并且设计了第一台比色计。1918年，美国国家标准局制成了第一台紫外-可见分光光度计（ultraviolet - visible spectrophotometer，简称分光光度计）。此后，紫外-可见分光光度计经不断改进，又出现自动记录、自动打印、数字显示、微机控制等各种类型的仪器，使分光光度计的灵敏度和准确度也不断提高，应用范围不断扩大。紫外-可见分光光度计从问世以来，无论在物理学、化学、生物学、医学、材料学、环境科学等科学研究领域，还是在化工、医药、环境检测、冶金等现代生产与管理部门，都有广泛而重要的应用。

紫外-可见吸收光谱是根据不同物质在紫外区和可见光区特有的吸收光谱特征，通过紫外-可见分光光度计对物质的成分、结构和物质间的相互作用进行检测和研究。紫外-可见吸收光谱是在紫外-可见光电磁辐射的作用下，宝石中的原子、离子、分子的价电子和分子轨道上的电子在电子能级间跃迁而产生的一种分子吸收光谱。紫外-可见吸收光谱检测技术具有准确、快速、简便、无损和仪器价格低等优点，可用于宝石的结构测定和成分的定量分析，在宝石鉴定中具有广泛的应用前景，主要应用包括鉴定宝石的品种，区别天然宝石与合成宝石、优化处理的宝石以及研究宝石成色机理等方面。

一、基本原理

物质的吸收光谱本质上就是物质中的分子和原子吸收了入射光中的某些特定波长的光能量，相应地发生了分子振动能级跃迁和电子能级跃迁的结果。由于各种物质具有各自不同的分子、原子和分子空间结构，其吸收光能量的情况不同，因此，每种物质就有其特有的、固定的吸收光谱曲线,可根据吸收光谱上的某些特征波长处吸光度的高低判别或测定该物质的含量,这就是分光光度定性和定量分析的基础。分光光度分析是根据物质的吸收光谱研究物质的成分、结构和物质间相互作用的有效手段。

紫外-可见吸收光谱是由于分子(或离子)吸收紫外或者可见光后发生价电子的跃迁所引起的一种分子光谱。当一束足够能量的光($h\nu$)照射时,分子的内能(E)发生改变,即电子能量(Ee)、振动能量(Ev)和转动能量(Er)3种能量都发生跃迁,跃迁后两能级间的能量差 ΔE 为:$\Delta E = \Delta Ee + \Delta Ev + \Delta Er$。其中 ΔEv 和 ΔEr 产生的吸收光谱分别位于红外区和远红外区,ΔEe 产生的吸收光谱位于紫外可见区。由于 ΔEe 远远大于 ΔEv 和 ΔEr,所以当发生电子能级跃迁时,同时伴随有振动能级和转动能级的改变,因此分子的紫外-可见吸收光谱是由许多线光谱聚集在一起的带状光谱,呈现宽谱带。

在宝石晶格中,电子处在不同的状态下,并且分布在不同的能级组中,若晶格中一个杂质离子的基态能级与激发态能级之间的能量差恰好等于穿过晶体的单色光能量时,晶体便吸收该波长的单色光,使位于基态的一个电子跃迁到激发态能级上,结果就是在宝石的吸收光谱中产生一个吸收带,便形成紫外-可见吸收光谱。

1. 无机化合物的紫外-可见吸收光谱

无机化合物的紫外-可见吸收光谱主要是由电荷迁移跃迁和配位场跃迁产生。

(1) 电荷迁移光谱。某些分子既是电子给体,又是电子受体,当电子受辐射能激发从给体外层轨道向受体跃迁时,就会产生较强的吸收,这种光谱称为电荷迁移光谱。电荷迁移所需的能量比 d—d 跃迁所需的能量多,因而吸收谱带多发生在紫外区或可见光区。如山东蓝宝石。

(2) 配位场跃迁光谱。配位场跃迁包括 d—d 跃迁和 f—f 跃迁。在配体存在下,过渡金属元素 5 个能量相等的 d 轨道和镧系、锕系 7 个能量相等的 f 轨道分裂,吸收辐射后,低能态的 d 电子或 f 电子可以跃迁到高能态的 d 或 f 轨道上去,这两类跃迁分别称为 d—d 跃迁和 f—f 跃迁。绝大多数过渡金属离子都具有未充满的 d 轨道,按照晶体场理论,当它们在溶液中与水或其他配体生成配合物时,受配体配位场的影响,原来能量相同的 d 轨道发生能级分裂,产生 d—d 电子跃迁。由于这两类跃迁必须在配体的配位场作用下才可能产生,因此称为配位场跃迁。配体配位场越强,d 轨道分裂能越大,吸收波长越短。

2. 有机化合物的紫外-可见吸收光谱

与紫外-可见吸收光谱有关的电子有三种,即形成单键的 σ 电子、形成双键的 π 电子以及未成键的孤对 n 电子。当分子吸收紫外或者可见辐射后,这些外层电子就会从基态(非键轨道)向激发态(反键轨道)跃迁,主要的跃迁方式有四种(图 10-27):$\sigma \rightarrow \sigma^*$、$n \rightarrow \sigma^*$、$\pi \rightarrow \pi^*$、$n \rightarrow \pi^*$ 四种。饱和有机化合物的电子跃迁类型为 $\sigma \rightarrow \sigma^*$、$n \rightarrow \sigma^*$ 跃迁,吸收峰一般出现在远紫外区,吸收峰低于 200nm,实际应用价值不大。不饱和有机化合物的电子跃迁类型为 $n \rightarrow \pi^*$、$\pi \rightarrow \pi^*$ 跃迁,吸收峰一般大于 200nm。

二、仪器结构

宝石的紫外-可见吸收光谱是由紫外-可见分光光度计(紫外-可见光谱仪)来测试完成,该仪器由光源、单色器、吸收池(试样池)、检测器和结果显示系统构成。光源在整个紫外

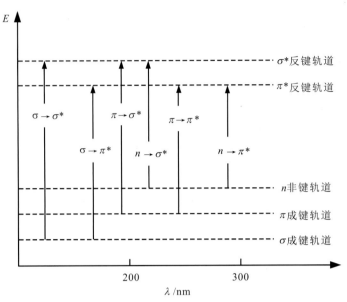

跃迁所需能量ΔE: $n \to \pi^* < \pi \to \pi^* < n \to \sigma^* < \sigma \to \sigma^*$

图10-27 电子主要的跃迁方式

光区或可见光谱区可以发射连续光谱,具有足够的辐射强度、较好的稳定性、较长的使用寿命。分光器的类型有单光束、双光束和双波长三种类型。

1. 单光束分光光度计 (图10-28)

单光束是指从光源发出的光,经过单色器等一系列光学元件,通过吸收池,直至最后照在检测器上时,始终为一束单色光。单光束分光光度计的特点是结构简单、价格低,主要适用于做定量分析,测量结果受电源的波动影响较大,容易给测量结果带来较大的误差。所以,它们在使用上受到限制。

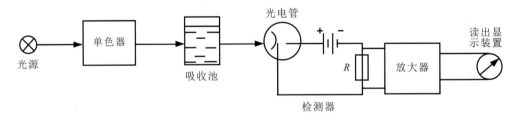

图10-28 单光束分光光度计原理图

2. 双光束分光光度计 (图10-29)

双光束分光光度计就是有两束单色光的紫外-可见分光光度计。其光路设计基本上与单光束分光光度计相似。区别是在单色器与吸收池之间加了一个切光器,其作用是以一定的频率把一个光束交替分为强度相等的两束光,使一路通过参比溶液,另一路通过样品溶液。然后由检测器交替接收参比信号和样品信号。接收的光信号转变成电信号后,由前置放大器放大,经过进一步解调、放大、补偿等工序,最后由显示系统显示。双光束分光光度计自动记录，快速全波段扫描，可消除光源不稳定、检测器灵敏度变化等因素的影响，特别适合于结构分析，宝石测试中常用双光束分光光度计。

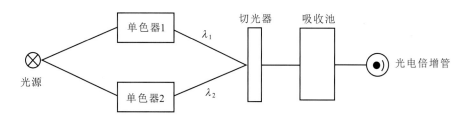

图 10-29　双光束分光光度计原理图

3. 双波长分光光度计（图 10-30）

双波长分光光度计采用两个单色器，可以同时得到两束波长不同的单色光，通过切光器，将两束光以一定的时间间隔交替照射到装有样品试液的同一个吸收池，由检测器显示出试液的透射比或吸光度。双波长分光光度计不仅能测量高浓度试样、多组分混合试样，而易测定混浊样品时比单波长测定更灵敏、更有选择性。双波长测定时，两个波长的光通过同一吸收池，以消除因吸收因参数不同、位置不同、污垢以及制备参比溶液等带来的误差，从而可以显著地提高测定的准确度。

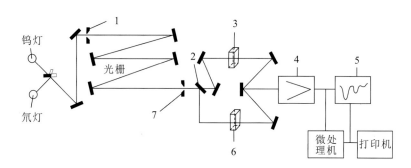

图 10-30　双波长分光光度计原理图
1—进口狭缝；2—切光器；3—参比池；4—检测器；5—记录仪；6—试样池；7—出口狭缝

三、检测方法及特点

根据宝石样品的透明度、大小、形状、厚度等特点，选择合适的样品固定夹和实验条件对样品进行透射或反射测试。

紫外-可见分光光度计的使用

1. 直接透射法

直接透射测试时，应尽量使光束透过宝石样品的最大抛光面，同时应使样品尽量靠近测试台。本方法适合对透明—半透明的宝石进行无损测试，但从中得到的宝石光谱信息相对有限，不适合测试底部包镶的宝石饰品，对于不透明宝石样品的测试需要使用粉末压片透射法。

2. 反射法

利用反射附件（如镜反射和积分球装置）对样品进行反射测试。本方法适合测试透明—不透明的宝石饰品。

四、宝石学应用

1. 鉴定宝石的品种

不同宝石具有不同的矿物组成和晶体结构，对紫外-可见光的选择性吸收不同，测试宝石样品所产生的紫外-可见吸收光谱特征也不同，并将测试结果与其对应的标准宝石紫外-可见吸收光谱谱图库进行分析比对，进而可得出宝石的品种。或者利用 Color Analysis 等软件进行比对和分析，找出不同宝石的差异量值，进而鉴定出宝石的品种。

2. 鉴别天然宝石、合成宝石与人工优化处理宝石

利用直接透射法或反射法，对比宝石样品的谱学特征，能有效地区分某些宝石是天然还是合成，以及是否经过人工优化处理。

如对比天然黄色系列钻石及 HTHP 合成、HTHP 处理和辐照退火处理样品的紫外-可见吸收光谱特征，可以得出：①天然的淡黄色 Ia 型钻石样品显示有双原子氮（477nm、463nm、452nm）、三原子氮（415nm）和集合体氮导致的吸收；②橙黄色 HTHP 合成钻石在 590~493nm 波段的变化趋势表明钻石样品是由单原子氮导致的吸收，同时在 500nm 以下逐渐透过，表明钻石样品的颜色肯定是橙黄色，综合两方面的信息得出由单原子氮致色的橙黄色钻石样品是由高温高压合成的；③经过 HTHP 处理和辐照退火处理的黄色钻石显示有天然的双原子氮、三原子氮所导致的吸收，同时也显示有经过高温高压处理（986nm）和辐照退火处理（594nm）的证据。通过测试合成钻石的紫外-可见吸收光谱特征，可以得出表征合成钻石的足够证据，特别是对近两年市场上出现的 CVD 合成钻石的检验，具有很大的说服力。

3. 探讨宝石颜色成因

紫外-可见吸收光谱在研究宝石呈色机理方面具有很大的优势。通过分析宝石的紫外-可见吸收光谱谱图信息，分析特征的吸收峰位、峰强，可以对宝石的颜色进行系统研究，并对宝石的颜色进行分级和评价。如对山东蓝宝石、缅甸抹谷红宝石、哥伦比亚祖母绿等具有产地意义宝石的呈色机理进行探讨，有助于对它们的彩色品种进行质量分级和市场价格评估，并以此来制定和推广宝石的国家标准，达到规范和促进珠宝市场健康发展的目的。

第四节　X 射线荧光光谱仪

自 1895 年德国物理学家伦琴发现 X 射线后，1896 年法国物理学家乔治发现了 X 射线荧光，1913 年莫斯莱发表了第一批 X 射线光谱数据，阐明了原子结构和 X 射线发射之间的关系，并验证出 X 射线波长与元素原子序数之间的数学关系，为 X 射线荧光分析奠定了基础，1948 年弗里德曼和伯克斯设计出了第一台商业用波长色散 X 射线荧光光谱仪。自 20 世纪 60 年代后，由于电子计算机技术、半导体探测技术和高真空技术的日新月异，X 射线荧光分析技术迅速发展。

X射线荧光光谱分析是材料科学、生命科学、环境科学等普遍采用的一种快速、无损、多元素同时测定的现代分析测试技术,是所有元素分析方法中最常用的一种,分析的元素范围广,除氢(H)、硼(B)等少数几种轻元素外,它几乎可以对所有元素进行定性分析,同时也可以对元素进行半定量或定量分析,与其他元素分析方法比较,其最独特的一个优点就是对试样无损伤。

在珠宝行业中,X射线荧光光谱仪(X-ray fluorescence spectrometer,简称XRF)主要用于检测贵金属类型和含量,以及宝石中化学元素的组成。

一、基本原理

当一束能量高于原子内层电子结合能的高能粒子与原子发生碰撞时,驱逐一个内层电子而出现一个空穴,使整个原子体系处于不稳定的激发态,激发态原子寿命为$10^{-14} \sim 10^{-12}$ s,然后自发地由能量高的状态跃迁到能量低的状态,这个过程称为弛豫过程。弛豫过程既可以是辐射跃迁,如发射X射线荧光;也可以是非辐射跃迁,如发射俄歇电子(较外层电子向内层跃迁时,所释放的能量随即在原子内部被吸收,而使另一核外电子被激发成自由电子,即为俄歇电子)和光电子(原子内层一个电子吸收了一个X光子的全部能量后,克服原子核的库仑作用力,进入空间成为自由电子)等。

当较外层的电子跃入内层空穴所释放的能量不在原子内被吸收,而是以辐射形式放出,便产生X射线荧光,其能量等于两能级之间的能量差。因此,X射线荧光的能量或波长是特征性的,与元素有一一对应的关系,图10-31为X射线荧光和俄歇电子产生过程示意图。

K层电子被逐出后,其空穴可以被外层中任一电子所填充,从而可以产生一系列的谱线,称为K系谱线。由L层跃迁到K层辐射的X射线叫K_α射线,由M层跃迁到K层辐射的X射线叫K_β射线。同样,L层电子被逐出可以产生L系射线(图10-32)。如果入射的X射线使某元素的K层电子激发成光电子后,L层电子跃迁到K层,此时就有能量ΔE释放出来,且$\Delta E = E_K - E_L$,这个能量是以X射线形式释放,产生的就是K_α射线,同样还可以产生K_β射线、L系射线等。

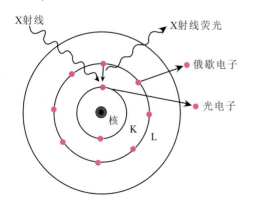
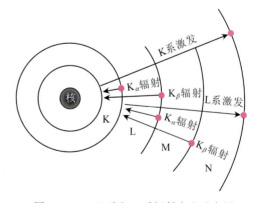

图10-31 X射线荧光和俄歇电子产生过程示意图　　图10-32 K系和L系辐射产生示意图

不同原子的原子序数和电子层结构不同,其放出的特征X射线能量也不同,X射线荧光的波长与元素的原子序数Z之间有对应的数学关系,其关系为:

$$\lambda = K(Z-S)^{-2}$$

式中，K 和 S 是常数，只要测出 X 射线荧光的波长，就可以知道元素的种类，这就是 X 射线荧光定性分析的基础，此外，X 射线荧光的强度与相应元素的含量有一定的关系，据此可以进行元素的定量分析。

二、X 射线荧光光谱仪的类型及基本结构

X 射线是一种波长（0.001～10nm）很短的电磁波，其波长介于紫外线和 γ 射线之间，X 射线能量与波长的关系是 $\lambda = 1240/E$，波长和能量的单位分别为 nm 和 eV。自然界中产出的宝石通常由一种元素或多种元素组成，用 X 射线照射宝石时，可以激发出各种波长的 X 射线荧光。为了将混合在一起的 X 射线按波长或能量分开，并分别测量不同波长或能量的 X 射线的强度，以进行定性和定量分析，常采用两种分光技术仪器，即波长色散型（WDX）和能量色散型（EDX）的 X 射线荧光光谱仪。

1. 波长色散型 X 射线荧光光谱仪

采用分光晶体对不同波长的 X 射线荧光进行衍射从而达到分光的目的，然后用探测器探测不同波长 X 射线荧光的强度，根据波长和强度完成定性或定量分析，这项技术称为波长色散型 X 射线荧光光谱仪。波长色散型 X 射线荧光光谱仪一般由光源（X 射线管）、样品室、准直器、分光晶体、探测器（正比计数器或闪烁计数器）和数据处理系统等部件组成。

2. 能量色散型 X 射线荧光光谱仪

能量色散型 X 射线荧光光谱仪通过测量被测元素发射的特征 X 射线能量与相应强度，达到定性或定量分析的目的。基本结构主要由光源（X 射线管、电子、放射源或重离子等）、样品室、探测器（半导体探测器、正比计数器或闪烁计数器）、脉冲放大器、多道脉冲分析器及数据处理系统等部件组成（图 10-33）。该类仪器是利用 X 射线荧光具有不同能量的特点，将其分开并检测，不必使用分光晶体，而是依靠半导体探测器来完成。这种半导体探测器有锂漂移硅探测器、锂漂移锗探测器和高能锗探测器等。

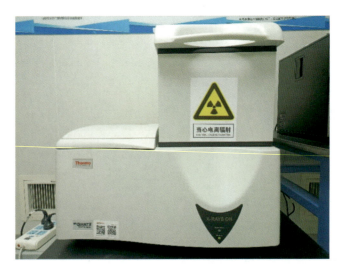

图 10-33 能量色散型 X 射线荧光光谱仪

能量色散型 X 射线荧光光谱仪的最大优点是可以同时测定样品中几乎所有的元素，因此分析速度快。一方面，由于能谱仪对 X 射线的总检测效率比波谱仪高，因此可以使用小功率 X 射线管激发 X 射线荧光。另一方面，能谱仪没有波谱仪那么复杂的机械机构，因而工作稳定，仪器体积也小。缺点是能量分辨率差，探测器必须在低温下保存，对轻元素检测困难。

三、X 射线荧光光谱仪在宝石学中的应用

1. 鉴定宝石种属及致色元素

X 射线荧光光谱仪的使用

不同的宝石具有不同的化学组成，采用 X 射线荧光光谱仪对组成宝石中的主要元素和次要元素进行定性和定量分析，可帮助确定宝石的种类以及致色元素。

如无色刚玉和水晶，可通过测试两者的主要化学组成元素进行区分，刚玉的主要组成元素为铝（Al），而水晶的主要组成元素为硅（Si），见图 10-34。通过主要化学成分的测试很容易将两者进行区分。

再如通过测试合成蓝色水晶的 X 射线荧光光谱可分析其主要化学组成和致色元素。图 10-35 显示合成蓝色水晶中主要含有硅（Si）和钴（Co），其中，硅（Si）为水晶的主要化学组成元素，而钴（Co）则为合成蓝色水晶的致色元素。

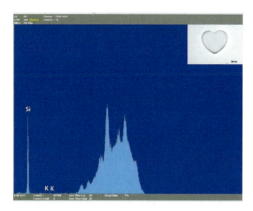

图 10-34　水晶的 X 射线荧光光谱图

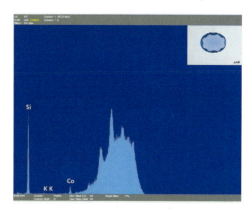

图 10-35　合成蓝色水晶的 X 射线荧光光谱图

2. 贵金属首饰含量的无损检测

X 射线荧光光谱仪可用来检测贵金属首饰的化学成分，尤其是检测铂金首饰的纯度（图 10-36）。国家标准《首饰　贵金属含量的测试　X 射线荧光光谱法》（GB/T 18043—2013）中明确规定了利用 X 射线荧光光谱测定首饰中贵金属含量的方法及要求，适用于首饰及其他工艺品的定性分析及其中贵金属（金、银、铂、钯）含量的筛选检测。检测过程无需破坏样品，检测

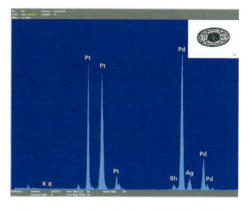

图 10-36　铂金首饰的 X 射线荧光光谱图

速度快，精度高。

3. 鉴别某些优化处理的宝石

采用X射线荧光光谱仪有助于快速区分某些优化处理的宝石，通过测定某些元素，可以帮助判断宝石是否经过了某些处理。如近几年来珠宝市场上出现的利用硅酸盐结合剂处理的"加瓷"绿松石，此类绿松石的外观和常规宝石学参数与天然绿松石极为相似，其红外吸收光谱、激光拉曼光谱特征也与天然绿松石特征一致，鉴定难度较大。但是，这类"加瓷"处理绿松石中普遍具有较高含量的硅（Si），而天然绿松石中几乎不含硅或所含硅的含量很低，利用X射线荧光光谱仪测试绿松石中硅的含量，可有效区分天然及"加瓷"处理绿松石（图10-37）。再如在红宝石表面测出异常高含量的铬（Cr），表明此红宝石是经表面扩散处理的；在红宝石中测试出铅（Pb）（图10-38），指示该宝石经过铅玻璃充填处理。

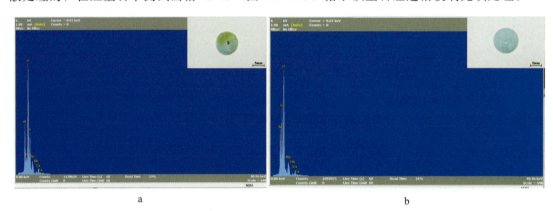

图10-37 天然绿松石（a）和"加瓷"绿松石（b）的X射线荧光光谱图

4. 鉴别某些天然及合成宝石

由于天然宝石与合成宝石生长的物理和化学条件不同，其生长环境以及致色元素等方面存在一定的差异，以此可作为两者的鉴定依据。通常合成宝石的生长环境相对单一，会含有代表合成环境的杂质元素，而天然宝石生长环境相对复杂，杂质元素种类与合成宝石有较大区别，如天然黄色蓝宝石中通常含有一定量铁（Fe）和一些微量元素如镁（Mg）、钛（Ti）、镓（Ga）和钒（V）等，而焰熔法合成黄色蓝宝石则含有微量的杂质元素镍（Ni），其他微量元素含量无或非常低。合成钻石中有

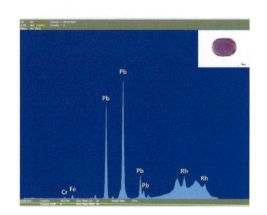

图10-38 X射线荧光光谱仪检测出充填红宝石中含有Pb

时会存在铁（Fe）、镍（Ni）或铜（Cu）等触媒成分等，可作为鉴别天然及合成钻石的鉴别依据。再如天然的蓝色尖晶石常为铁致色，因此可检测出铁（Fe）（图10-39），而合成的蓝色尖晶石中则含有致色元素钴（Co）（图10-40）。

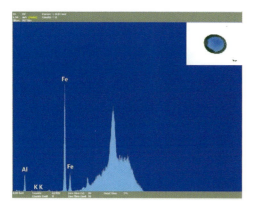

图 10-39　X 射线荧光光谱仪检测出天然蓝色尖晶石中含 Fe

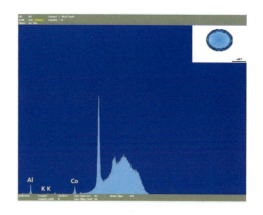

图 10-40　X 射线荧光光谱仪检测出合成蓝色尖晶石中含 Co

第五节　激光剥蚀电感耦合等离子体质谱仪

20 世纪 60 年代以前，分析化学主要以经典的化学法为主，因此当时的样品分析主要采用化学法测定岩石矿物的主量、次量组分，所采用的技术也多为单元素分析技术。现代分析化学主要依靠先进的多元素同时分析技术实现主量、次量和微量元素的分析。其中，电感耦合等离子体质谱仪则承担着大多数微量元素（同位素）的分析。1984 年，第一代商业电感耦合等离子体质谱仪（ICP-MS）问世。1985 年 Gray 首次提出将 ICP-MS 分析系统与激光剥蚀进样系统联用，开创了固体原位微区分析技术的新局面。

激光剥蚀电感耦合等离子体质谱仪（laser ablation inductively coupled plasma mass spectrometry，简称 LA-ICP-MS）兴起于 20 世纪 80 年代，是一种对样品进行原位、微区、微量元素定量分析，元素（同位素）微区分布特征（面分布和深度分布）研究的高灵敏度显微分析技术。它不仅克服了常规单矿物分析因选矿物纯度不足所造成的分析结果解释上的一些问题，而且在分析灵敏度方面也远远优于电子探针、质子探针、同步辐射 X 射线荧光微探针等技术。经过多年的发展，用于 LA-ICP-MS 分析的激光器经历了从红宝石激光器、掺钕钇铝榴石激光器、氟化氩（ArF）准分子激光器到掺钛蓝宝石飞秒激光器的发展演变。

高灵敏度、高空间分辨率、宽检测范围、低样品消耗量、低基线背景值、高效快速多元素直接测定样品等优点，使得 LA-ICP-MS 技术在微量元素分析中占有很大的优势，成为其他微区分析方法（如电子探针、扫描电镜、原子发射光谱等）强有力的补充，目前已被广泛地应用到越来越多的领域中。在宝石学中，LA-ICP-MS 技术主要应用于鉴别天然宝石、人工处理宝石和合成宝石，产地溯源等科学研究。

一、基本原理

1. 质谱仪（MS）基本原理

早期的质谱仪要求样品处于气态，但随着时间的发展，质谱仪的适用性扩大到溶液和固体。质谱仪是一种根据质荷比（质量/电荷，通常为正电荷）分离带电粒子测量化合物化学元素或分子质量的仪器。样品被电离后进入质谱仪，正离子被拉出并按照其质荷比分离，然后发送到检测器（图10-41）；检测器将离子转换成电子脉冲，由积分测量线路计数。在检测器里根据质荷比将它们分离，然后生成一个光谱，代表样品各组分的质量。电子脉冲的大小与样品中分析离子的浓度有关。自然界出现的每种元素都有一个简单的或几个同位素，每个特定同位素离子给出的信号与该元素在样品中的浓度呈线性关系。通过与已知的标准或参考物质比较，实现未知样品的微量元素定量分析。

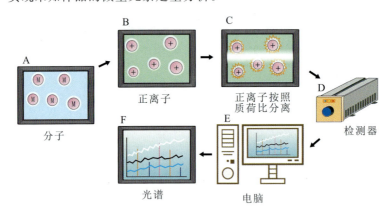

图10-41　MS工作原理图

2. 电感耦合等离子体（ICP）基本原理

20世纪80年代，在大气压下发展了电感耦合等离子体作为电离样品的技术。被分析的样品通常以水溶液的气溶胶形式引入氩气流中，然后被输送到大约10 000℃的炬管中，样品中几乎所有物质都被原子化和电离形成等离子体，为激发态和电离态原子提供了丰富的来源。

ICP和MS技术的结合，使快速、高精度、低检出限的元素定量分析成为可能。

3. 激光剥蚀电感耦合等离子质谱仪（LA-ICP-MS）基本原理

LA-ICP-MS是在普通ICP-MS装置前端附加一个激光器的联用技术，由激光剥蚀进样系统（LA）、电感耦合等离子体（ICP）和质谱检测器（MS）三部分组成，其中激光剥蚀进样系统对样品进行剥蚀完成取样功能、电感耦合等离子体源将形成的样品气溶胶通过高温等离子体将其离子化、质谱检测器作为质量过滤器检测离子。LA-ICP-MS的基本原理（图10-42）是将激光束聚焦于样品表面使之熔蚀气化，由载气（He或/和Ar）将样品微粒（气溶胶）送至等离子体中电离，再经质谱系统进行质量过滤，最后用接收器分别检测不同质荷比的离子，检测器将离子转换成电子脉冲，由积分测量线路计数。通过与已知的标准或参考物质比较，实现未知样品的微量元素定量分析。

二、定量校准方法

LA-ICP-MS是一种依赖标样的相对分析技术。在含量校准方面，已研究和使用的方法主要有以下4种。

第十章 大型分析测试仪器

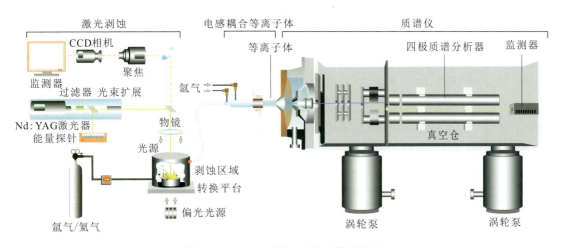

图 10-42　LA-ICP-MS 工作原理图

1. 外标结合内标法

这是最为常用的校准方法。通过分析一个或多个标样，计算出各分析元素相对于其中某个主要元素（比如硅酸盐中的 Ca 或 Si）的相对分析灵敏度，并依此对未知样品进行定量分析。按本方法进行校准，可分析元素的数目可以是一个，也可以很多。基本要求是未知样品中作为内标的元素的含量要预先用其他手段测定或按化学计量准确估算。

2. 外标结合基体归一法（无内标法）

外标结合基体归一定量校准技术（或称为无内标定量校准技术）是近年来新开发的校准技术，适用于不含水、N、F 等组分的矿物样品的分析。通过分析一个标准样品，根据各元素的含量和离子流的强度计算出灵敏度因子，依此对未知样品进行初步定量计算，然后用所有测量元素的初步定量值对得到的各单独元素的初步定量值进行归一化处理，得到各元素的分析结果。

该方法的优点是无需内标元素，但存在一个比较大的问题：由于不同样品的剥蚀效率不同，为了得到合理的分析结果，所有灵敏度因子应由一个标样来计算。实际上，没有一个现存标样中的所有元素含量都达到可以准确分析的程度。

3. 内外标结合归一法

是前述两种校准技术的组合，适用于不含水等组分的矿物样品的分析。先计算相对灵敏度，然后假定内标元素的含量为 100%（m/m）（或任意含量值）计算初步含量值，最终进行归一化处理得到各元素的分析结果。

4. 双路进样法

双路进样定量校准技术是在缺少基体匹配标样和采用固体标样时数据溯源性较差的前提下提出的，实际上是一种标准加入法。其基本操作是在激光器样品室载气输出端的管路中，并联一个标准溶液雾化进样系统，两个气路汇合后导入等离子体进行测量。校准和分析过程分为两步：①先测量含量已知的内标元素，求得其标准溶液和被测样品（固体样品的激光剥蚀）的进样量比值；②分析被测元素，在假定内标元素与被测元素不存在分馏效应差异的前提下，计算分析结果。

三、宝石学应用

1. 鉴别天然宝石与人工处理优化宝石、合成宝石

某些人工处理优化宝石常常伴随着微量元素的掺入，例如 Be 扩散处理蓝宝石。由于铍是一种轻（即低原子质量）元素，大多数分析技术都不能检测到，在某些情况下电子探针（EMPA）、二次离子质谱（SIMS）可以检测到微量 Be 元素，但是分析成本昂贵。相对而言，LA–ICP–MS 为铍扩散处理蓝宝石提供了精确、成本较低的鉴别服务。LA–ICP–MS 还可根据合成宝石中微量元素的不同，将其与天然宝石区分开。

激光剥蚀电感耦合等离子体质谱仪的使用

2. 产地溯源

产地是影响宝石价值的重要因素，因此产地溯源一直以来是重要和前沿的宝石学问题。LA–ICP–MS 在产地溯源方面表现出卓越的优势，利用其来分析宝石的微量元素和同位素特征已成功溯源多个宝石品种。例如利用次要元素和微量元素区分来自 8 个产地的祖母绿：根据 Cs_2O+K_2O 含量（图 10–43），Santa Terezinha、Kafubu 和 Sandawana 祖母绿可以与 Kaduna、Panjshir、Itabira–Nova Era 和 Cordillera Oriental 祖母绿区分，Santa Terezinha 出产的祖母绿中 Cs_2O+K_2O 浓度特别高。同时，锌-锂-镓三元图解（图 10–44）可以有效区分 Cordillera Oriental 祖母绿与 Kaduna 祖母绿，也可成功区分 Swat 祖母绿与 Itabira–Nova Era 和 Panjshir 祖母绿（Abduriyim et al.，2006）。

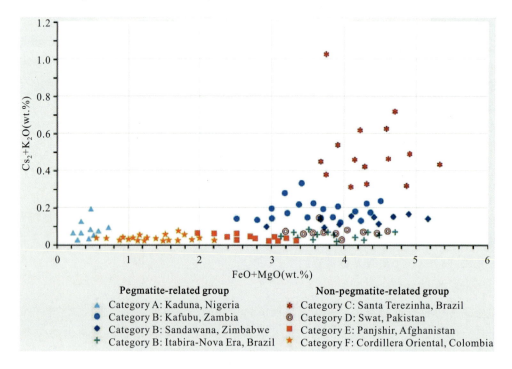

图 10–43　8 个地区祖母绿微量元素浓度图（Abduriyim et al.，2006）

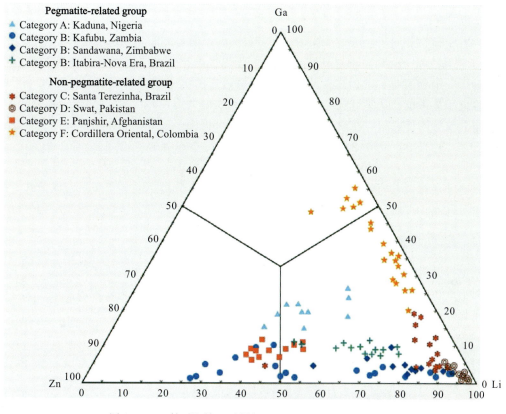

图 10-44　锌-锂-镓三元图解（Abduriyim et al.，2006）

3. 探讨宝石成因

利用 LA-ICP-MS 对宝石进行高精度的原位分析，获得宝石的微量元素、稀土元素和同位素特征等信息，有效分析宝石成因。尤其在分析具有特殊结构（例如环带结构）的宝石时，更能凸显出 LA-ICP-MS 微区原位分析的优势。例如山东蓝宝石的特征之一就是环带发育，利用 LA-ICP-MS 对其进行微区原位分析可知：山东蓝宝石的环带核心处含有丰富的杂质元素 Fe 和 Ti，从核心到环带边缘处，Fe 和 Ti 的含量总体上逐渐降低，但随着环带深浅的不同有周期性的变化，表明形成蓝宝石的环境，即母源岩浆的成分存在波动性的变化，这时环境中总 Fe 和 Ti 的含量也发生波动性变化，由此在蓝宝石外观上表现为深浅环带发育的特征。

第六节　扫描电子显微镜

随着现代科学技术的发展，大量的科研工作者将研究的方向集中在了对微观世界的探索。然而，仅靠人眼的分辨率（约为 0.2mm）并不能满足要求。为了观察更微观的世界，各种具有放大功能的显微镜应运而生。首先出现的是光学显微镜，然而，受可见光波长范围（400~700nm）的限制，光学显微镜的极限分辨率约为 200nm。为了突破光学显微镜分辨率的限制，科学家利用波粒二象性原理（即电子在加速电压下运动，表现出波动性，其波长可达可见光波长的 1/100 000），以加速电子充当新光源制备了高分辨率的扫描电子显微镜，分辨率可达 0.5nm。

扫描电子显微镜（scanning electron microscope，简称 SEM）技术始于 20 世纪 30 年代，1931 年马克斯·克诺尔和恩斯特·鲁斯卡首先提出扫描电子显微镜的工作原理，冯·阿登设计了一个利用电子束扫描薄膜样品并利用透过的电子成像的装置。经过几十年的发展，扫描电子显微镜已从钨灯丝电镜逐渐发展到场发射电镜，并可与能谱仪、波谱仪和背散射电子衍射仪等附件联用，在获得样品形貌的同时分析微区成分、晶体结构等信息，在材料学、宝石学、物理学、化学、生物学、考古学、地质学以及微电子工业等领域有广泛的应用。

扫描电子显微镜是表征纳米级材料的重要工具，具有分辨率高、景深长、成像好、样品制备简单等优点，可对宝石材料进行形貌分析、元素定性和定量分析以及晶体结构分析。

一、基本原理

扫描电镜是电子显微镜中重要的一类，它是通过聚集电子束在样品表面扫描，电子与样品接触时会产生很多携带样品表面形状信息的信号，把这些信号收集处理后形成了 SEM 图像。其工作原理图如图 10-45 所示。

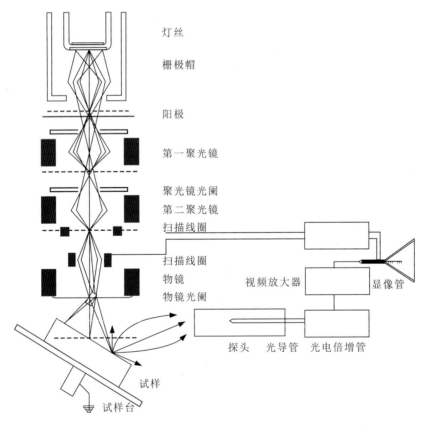

图 10-45 SEM 工作原理图

首先,由顶部的电子枪热阴极发射出来直径几十微米的电子束,在受阳极加速电压的作用下经过2个或3个电磁透镜系统汇聚,形成直径只有几纳米的电子探针。在第二聚光镜和物镜之间扫描线圈的作用下,电子束的方向发生偏转,因此可以在样品上做有序的光栅状逐点扫描,根据每个点的亮度来分析样品表面的形状。

被加速的高能一次电子束与样品表面相互作用后,电子束与样品会交换能量。电子与样品内不同物质的作用会产生不同的信号电子,例如入射电子与自由电子作用产生二次电子、与内层轨道电子作用产生特征X射线,还有大量背散射电子等(图10-46)。这些信号电子都可以通过改变样品位置,使用指定的探测器对其检测。

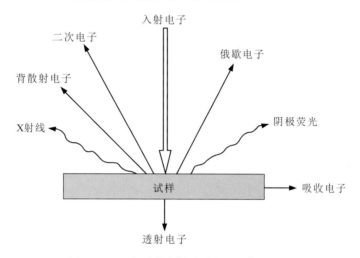

图10-46 电子激发样品后产生的信号电子

信号电子通过不同的探测器可以生成不同的图像,例如二次电子像、背散射电子像、吸收电子像和阴极荧光像等。由于扫描电镜的二次电子像分辨率最高,通常所说的SEM图像主要是二次电子像。二次电子经过探测器的闪烁体后会转换为光子,将这些光信号沿着光导管传送到光电倍增管,把微弱的光信号转换为电信号,此时信号的电流已经被放大。再通过电信号放大器加以放大处理,最终信号将逐点"动态"地显示在显示屏上,形成SEM图像。SEM图像的亮度和收集到的二次电子数量有关,二次电子数量越多,图像越亮。

1. 二次电子

二次电子是指被入射电子激发出来的试样原子中的外层电子。二次电子能量很低,只有靠近试样表面几纳米深度内的电子才能逸出表面。因此,它对试样表面的状态非常敏感,主要用于扫描电镜中试样表面形貌的观察。入射电子在试样中有泪滴状扩散范围,但在试样的表层尚不会发生明显的扩散,致使二次电子像有很高的空间分辨率。

2. 背散射电子

背散射电子是指入射电子在试样中经散射后再从上表面射出来的电子。背散射电子可用于分析试样的表面形貌。与此同时,背散射电子的产额随着试样原子序数的增大而增加,能显示原子序数衬度,可用于对试样成分做定性的分析。

3. 特征 X 射线

特征 X 射线是指入射电子将试样原子内层电子激发后，外层电子向内层电子跃迁时产生的具有特殊能量的电磁辐射。特征 X 射线的能量为原子两壳层的能量差（如 $\Delta E = E_K - E_L$），由于元素原子的各个电子能级能量为确定值，因此，特征 X 射线能分析试样的组成成分。

二、仪器结构

扫描电镜主要由 4 大部分组成：电子光学系统、信号收集和图像显示系统、真空系统及计算机控制系统。

1. 电子光学系统

电子光学系统主要是给扫描电镜提供一定能量可控的并且有足够强度的、束斑大小可调节的、扫描范围可根据需要选择的、形状对称的、稳定的电子束。主要由电子枪、电磁透镜、物镜光阑、扫描线圈四部分组成，其分布如图 10-47 所示。

电磁透镜的作用是把电子枪的束斑逐渐缩小，它由极靴和铜线圈两部分组成，通过改变流过铜线圈电流的大小来改变透镜汇聚电子束的能力，在电子运动过程中，只改变速度的方向不改变速度的大小。

物镜光阑用于选择电子束的孔径角，控制束流大小和调节景深，如图 10-48 所示。在使用过程中根据实际需要选择光阑，一般大光阑对应低分辨率和大电流，小光阑对应高分辨率，在光阑主轴上安装不同孔径的光阑，用旋钮调节方向。

扫描线圈主要来产生偏转磁场，控制电子束扫描范围，决定了图像的放大倍数。电子束直径越小，分辨率越高。其结构如图 10-49 所示。

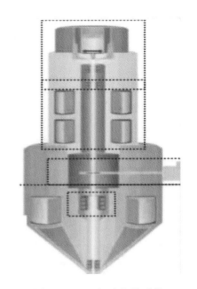

图 10-47 电子光学系统结构分布图

电子枪为系统最上方虚线框部分，4 个块状对应电磁透镜，中间虚线框对应灰色部分为物镜光阑，在下部小虚线框内缠绕的为扫描线圈。

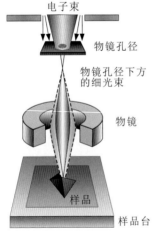

图 10-48 物镜光阑控制束流

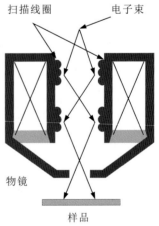

图 10-49 扫描线圈

2. 信号收集和图像显示系统

电子与样品内不同物质的作用会产生不同的信号电子，如二次电子、X射线、背散射电子等。信号电子通过不同的探测器可以生成不同的图像，例如二次电子像、背散射电子像、吸收电子像和阴极荧光像等。

3. 真空系统

扫描电镜需要高的真空度。高真空度能减少电子的能量损失，减少电子光路的污染并提高灯丝的寿命。根据扫描电镜类型的不同，其所需的真空度不同（一般为 $10^{-8} \sim 10^{-3}$ Pa）。

4、计算机控制系统

扫描电镜有一套完整的计算机控制系统，方便测试人员对电镜进行控制和操作。

三、常见附件

扫描电镜通常配备多种附加仪器，以便对测试样品进行多种信息的分析，其附件一般有如下几种。

1. 能谱仪

能谱仪（即X射线能量色散谱仪，简称EDS）通常是指X射线能谱仪。能谱仪主要是用来分析材料表面微区的成分，分析方式有定点定性分析、定点定量分析、元素的线分布、元素的面分布。其特点是分析速度快，作为扫描电镜的辅助工具可在不影响图像分辨率的前提下进行成分分析。

2. 波谱仪

波谱仪（即X射线波长色散谱仪，简称WDS）是随着电子探针的发明而诞生的，它是电子探针的核心部件，用作成分分析。成分分析的原理可用公式 $\lambda = (d/R)L$ 表示。λ 是电子束激发试样时产生的X射线波长，跟元素有关；d 是分光晶体的晶面间距，为已知数；R 是波谱仪聚焦圆的半径，为已知数；L 是X射线发射源与分光晶体之间的距离。对于不同的 L 则有不同的X射线波长，根据X射线波长就可得知是什么元素。因此，波谱仪是通过机械装置的运动改变距离 L 来实现成分分析。将波谱仪装在扫描电镜上，可借用电子探针的成分分析功能。与能谱仪相比较，波谱仪的检测灵敏度更高，但波谱仪对分析条件要求苛刻，如样品要求非常平整并且只能水平放置，准确的成分定量分析还需要相关的标准样品并在相同工作条件下做对比分析，对主机的稳定度也要求极高。

3. 电子背散射衍射

电子背散射衍射（简称EBSD）主要特点是在保留扫描电镜常规特点的同时进行空间分辨率亚微米级的衍射，主要可做单晶体的物相分析，包括单晶体的空间位向测定、两颗单晶体之间夹角的测定、共格晶界图、特殊晶界图等。

四、宝石学应用

1. 鉴别天然宝石与人工优化处理宝石

扫描电镜可以分析宝石矿物的形貌特征，部分宝石经过人工优化处

扫描电子
显微镜的使用

理后其表面形貌特征会发生改变,因此这是鉴定优化处理宝石的一个重要判别因素。例如鉴别湖北天然绿松石和浸胶处理绿松石(如图 10-50),浸胶绿松石的原料一般为结晶度较差的绿松石,有部分胶质物黏在微晶及其空隙中;注有色胶绿松石的原料为质地疏松、结晶度非常差的绿松石,其在扫描电镜下微晶的形态表现为棱角稍有圆化,微晶与微晶的边界变得模糊,其空隙较大且存在大量的胶质物。

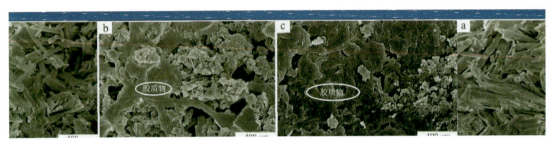

图 10-50 湖北天然绿松石(a)、浸胶绿松石(b)、注有色胶绿松石(c)扫描电镜下的形貌特征

2. 宝石学研究

利用扫描电镜附带的能谱仪可以对宝石的包体进行成分分析,尽管它不如电子探针的精确定量,但它具有简捷、快速、定性准确等优点,所以在物质成分研究中仍是一种有效的方法。宝石包体的成分研究可以提供宝石成因、产地、合成方法等多方面的信息。例如对缅甸根珀在背散射下呈球粒状的包裹体进行能谱测试(图 10-51),发现其元素组成主要为 Fe 和 S,根据氧化物质量分数

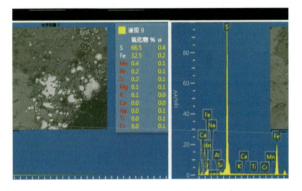

图 10-51 缅甸根珀包裹体能谱测试

法,对其化学成分进行半定量分析,可知该矿物的化学分子式为 $Fe_{0.9}S_2$,故推测其矿物组成为草莓状黄铁矿。

利用扫描电镜还可以观察宝石的形貌特征并进行结构和成因的研究。例如绿松石(图 10-52),浅绿色条带,在 5000 倍下绿松石呈片状、板状(图 10-53 中 1a),杂乱排列,孔隙较多,在空隙中分布较多的细小微晶颗粒,整体致密度较低,结构疏松;深绿色条带,在 5000 倍下绿松石呈厚板状、柱状(图 10-53 中 2a),紧密堆叠,具有一定的方向性,孔隙很少,不规则分布一些晶体颗粒,整体致密度高。在 10 000 倍下浅绿色条带和深绿色条带的绿松石板片(板块)棱线笔直清晰、角顶尖锐,(图 10-53 中 2a 和 2b),这指示浅绿色条带和深绿色条带中绿松石的结晶程度较高、成矿环境较稳定,无明显差异。

图 10-52 条带状绿松石

图 10-53 绿松石浅绿色条带（1a～1b）、绿松石深绿色条带（2a～2b）的形貌特征
（从左到右放大倍数依次为 5000×、10 000×）

思考题

1. 什么是红外光谱？
2. 什么是伸缩振动？什么是弯曲振动？
3. 傅里叶变换红外光谱仪用于宝石检测的测试方法主要有哪几种？
4. 傅里叶红外光谱仪在宝石学中有哪些用途？
5. 什么是拉曼散射？什么是瑞利散射？
6. 什么是拉曼位移？
7. 测定红宝石、红色尖晶石这类宝石时，拉曼光谱激光器应该如何选择？为什么？
8. 请举例说明拉曼光谱在宝石学中的应用。
9. 紫外-可见光分光光度计的分光器有几种类型，紫外-可见光的工作原理什么？
10. 请举例说明紫外-可见光分光光度计在宝石鉴定中的应用。
11. X 射线荧光光谱仪的工作原理是什么？
12. X 射线荧光光谱仪主要有哪两种类型？
13. X 射线荧光光谱仪在宝石学中有哪些用途？
14. LA-ICP-MS 是定量分析，还是定性分析？如何进行校正？
15. 请举例说明 LA-ICP-MS 在宝石产地溯源中的应用。
16. 扫描电镜的工作原理是什么？
17. 扫描电镜在宝石学中有什么用途，请举例说明。

主要参考文献

陈全莉,亓利剑,张琰,2006.绿松石及其处理品与仿制品的红外吸收光谱表征[J].宝石和宝石学杂志,8(1):8-12.

陈全莉,袁心强,陈敬中,等,2010.拉曼光谱在优化处理绿松石中的应用研究[J].光谱学与光谱分析,30(07):1789-1792.

郭杰,廖任庆,罗理婷,2014.宝石鉴定检测仪器操作与应用[M].上海:上海人民美术出版社.

李娅莉,薛秦芳,李立平,等,2016.宝石学教程[M].3版.武汉:中国地质大学出版社.

吕洋,裴景成,高雅婷,等,2022.宝石级氟磷铁锰矿的化学成分及光谱学表征[J].光谱学与光谱分析,42(4):1204-1208.

武汉大学化学系,2001.仪器分析[M].北京:高等教育出版社.

杨琇明,2018.结晶学及晶体光学[M].武汉:中国地质大学出版社.

余晓艳,2016.有色宝石学教程[M].北京:地质出版社.

曾广策,朱云海,叶德隆,2006.晶体光学及光性矿物学[M].武汉:中国地质大学出版社.

翟少华,裴景成,黄伟志,2019.缅甸曼辛尖晶石中的橙黄色包裹体研究[J].宝石和宝石学杂志,21(6):24-30.

张蓓莉,2006.系统宝石学[M].2版.北京:地质出版社.

赵建刚,李孔亮,2021.宝石鉴定仪器与鉴定方法[M].3版.武汉:中国地质大学出版社.

ABDURIYIM A,KITAWAKI H,2006. Applications of laser ablation-inductively coupled plasma-mass spectrometry (LA-ICP-MS) to gemology[J]. Gems and Gemology,42(2):98-118.

HAGEN N,TKACZYK T S,2011. Compound prism design principles, II: triplet and Janssen prisms[J]. Applied Optics,50(25):5012-5022.